MATHÉMATIQUES

concours des écoles d'ingénieurs post-bac
FESIC - GEIPI/ENI/Polytech - Avenir - Sciences Po - EPF - EFREI - ESIEE

Claude Sellier
Professeur agrégé de mathématiques
au lycée La Merci à Montpellier

ellipses

Je remercie très chaleureusement mon collègue et ami Frédéric Laroche qui m'a encouragé, accompagné et beaucoup conseillé dans l'élaboration de cet ouvrage qui est pour moi le premier.

À Leslie et Soren

ISBN 978-2-7298-6469-9

www.editions-ellipses.fr

AVANT-PROPOS

Tu es en Terminale S ?

Alors cet ouvrage est pour toi !

Pourquoi ?

Parce que :

- Soit tu souhaites entrer dans l'une des écoles d'ingénieurs FESIC, EFREI, ESIEE, GEIPI/ENI, EPF ou encore Sciences Po Paris et tu cherches un bon moyen de préparer les concours d'entrée dans ces établissements !
- Soit tu souhaites simplement te préparer au baccalauréat et tu sais que les QCM et les Vrai/Faux sont des exercices de plus en plus fréquents !
- Soit tu souhaites poursuivre des études scientifiques l'année prochaine (université, classe prépa, école, ...) et que tu veux améliorer ton niveau en maths sur des exercices type QCM et Vrai/Faux qui sont un bon moyen de se tester et de s'améliorer.

Quoi qu'il en soit, la maîtrise du programme de Terminale S est une condition sine qua non de réussite des études scientifiques : une fois que tu seras dans le grand bain des études supérieures il te sera très difficile de revenir en arrière et d'acquérir les bases que tu n'as pas bien assimilées. Les mathématiques font partie intégrante des cursus de l'enseignement supérieur en physique, biologie, économie, médecine et pharmacie.

Les sujets proposés, d'un bon niveau de Terminale S, proviennent de concours d'entrée dans des écoles d'ingénieur qui recrutent après le baccalauréat. Ils sont posés sous forme de QCM, Vrai/Faux ou sous forme rédigée. Dans le livre tu trouveras certains sujets corrigés de manière très détaillée, d'autres un peu moins.

Pour profiter de la correction d'un sujet, je te conseille de le faire en entier avant de lire la solution. On comprend mieux alors l'idée générale. En effet, la solution n'est pas toujours rédigée dans le même ordre que viennent les idées sur le brouillon. De plus, il faut accepter le fait que les mathématiques ne peuvent être assimilées que si on s'approprie individuellement les notions et les méthodes (en sachant son cours évidemment).

Néanmoins, grâce à la table des matières thématique, tu peux choisir de travailler une notion en particulier pour réviser les contrôles que tu dois faire au lycée.

J'espère que cet ouvrage te sera profitable, l'expérience montre que la réussite de la formation initiale conditionne une grande partie de la vie professionnelle.

Il ne me reste plus qu'à te souhaiter bon courage et bonne chance pour les épreuves des concours et pour le baccalauréat, ainsi que pour tes études supérieures.

SOMMAIRE

COMMENT UTILISER LE LIVRE

Quelques symboles sont là pour t'aider…

	*Ce type d'encadré est là pour signaler un piège (typique des concours en QCM, Vrai-Faux), ou une erreur fréquente (de calcul ou de raisonnement). En fait, c'est un petit « rappel à l'ordre ».* *Sois vigilant(e) !*
	*Ce type d'encadré est là pour te rappeler l'aspect stratégique important des concours, pour te rappeler qu'il faut toujours s'accrocher, donner son maximum sur le temps imparti. Il est là aussi pour te donner quelques conseils de maths et d'organisation.* *Le but n'est pas si loin !*
	*Ce type d'encadré est là pour te donner quelques rappels de cours (théorèmes, formules, méthodes, etc.). Ils sont à connaître par cœur, du moins c'est souhaitable car le temps sera court pour les retrouver.* *Tu seras mieux préparé(e) en t'entraînant régulièrement !*

■ Pour préparer les concours

Il faut faire le sujet dans le temps imparti par l'énoncé et **ne surtout pas** regarder le corrigé avant d'avoir fini. Cela fait partie du concours d'arriver à gérer le temps, à contrôler le stress et à être autonome ; ensuite regarde ton score et analyse-le, enfin travaille tes points faibles en priorité.

■ Pour préparer le bac

Contrairement à des Annales classiques, tu peux travailler thème par thème, surtout les Vrai/Faux (devenus relativement courants aux épreuves du baccalauréat) pour réviser et faire un petit bilan de tes connaissances ! Un Vrai/Faux constitue un moyen rapide et agréable pour t'auto-évaluer.
Ensuite, pour améliorer ta rédaction, travaille les sujets en regardant bien si tu n'oublies pas d'argument important dans tes démonstrations ou si tu ne fais pas d'erreurs de calcul.

■ Pour préparer l'accession à une prépa

Ce qui compte en prépa, c'est ta capacité à restituer une preuve et à aller plus loin que la simple réponse. Je t'invite alors vraiment à chercher la réponse à chaque question et surtout à bien comprendre la correction. Je t'invite aussi à bien rédiger. Pour les plus ambitieux, testez-vous sur les concours EPF et EFREI puis Sciences Po Paris 2010, qui sont de loin les plus difficiles.
Quoi qu'il en soit, bon courage à toi et bonne chance (cela peut compter aussi).

INDEX THÉMATIQUE

	Expo. log.	Fonctions, divers	Équa. diff.	Suites	Intégrales
FESIC 2010	1, 2	3, 4, 5, 6	10	11, 12, 13	5, 6
FESIC 2009	1, 2, 3, 4	5, 6, 13		6, 12	10, 11
Geipi/ENI 2010	4	2, 4		4	2, 4
Geipi/ENI 2009	1	1			1
EFREI 2009	5, 9, 11	1, 6, 7		2, 3	4
Concours Avenir 2010	de 19 à 24	1 à 4, 17 et 18, 27 à 30, 57 à 60	33 à 36	45 à 48	31, 32
EPF 2009	1, 5	1, 3, 5		4	
ESIEE 2009	3	2, 5, 6, 7, 8, 19, 20		9	4, 19
ESIEE 2008	1	de 2 à 10		13, 14	8, 10, 11
Sciences Po Paris 2010		I, II, III		V	IV

	Nombres complexes	Géométrie dans l'espace	Probabilités logique	Arithmétique
FESIC 2010	7, 8, 9	6, 15, 16	6, 14	
FESIC 2009	7, 8, 9	16	6, 14, 15	
Geipi/ENI 2010	1		3	
Geipi/ENI 2009	3		2	
EFREI 2009	8, 10, 12, 13		14	
Concours Avenir 2010	5 à 12, 25, 26	37 à 44	13 à 16, 49 à 56	
EPF 2009	2		4	
ESIEE 2009	11, 12	13, 14	1, 10, 15, 16	17, 18
ESIEE 2008	16, 17	9, 15, 18, 19	12, 13, 15, 20	
Sciences Po Paris 2010			III	

LES ÉCOLES ET LES CONCOURS

Attention, toutes les inscriptions se font sur Internet en se rendant sur :
www.admission-postbac.fr

■ Le concours Puissance 11

Le concours Puissance 11 regroupe 11 grandes écoles d'ingénieurs après Bac :

- **9 écoles du réseau FESIC** : CPE-Lyon, ESCOM Compiègne, ESEO Angers-Paris-Dijon, EPMI Cergy-Pontoise, HEI Lille, ISEN Brest, ISEN Lille, ISEN Toulon, ISEP Paris.
- **2 écoles du réseau ESIEE** : ESIEE Amiens, ESIEE Paris.

La FESIC (depuis 40 ans) et l'ESIEE (depuis 20 ans) organisent des concours qui bénéficient d'une forte notoriété auprès des lycéens, des enseignants et de leur famille.
En 2011, les deux réseaux qui partagent les mêmes exigences pour leur recrutement ont choisi de s'associer pour créer un concours commun « le concours Puissance 11 » et pour faciliter les démarches des candidats.

Pour en savoir plus

http://www.concourspuissance11.fr/
http://www.esiee.fr/
http://www.fesic.org/

■ Le concours EFREI

École d'ingénieur post-bac dans le domaine des Technologies de l'Information et de la Communication (TIC), l'EFREI a été fondée en 1936 et forme environ 300 ingénieurs par an.
Membre de la Conférence des Grandes Ecoles (CGE) et habilitée par la Commission des Titres (CTI) à délivrer le diplôme d'ingénieur EFREI depuis 1957.

Pour en savoir plus

http://www.efrei.fr/

■ Le concours AVENIR

Le concours Avenir regroupe 4 écoles : l'ECE, l'EIGSI, l'EPF et l'ESTACA. Ce concours ne représente qu'un choix de formation sur les douze possibles du portail admission-post bac, dans la catégorie « formations d'ingénieurs ».

Créées il y a plus de 80 ans, l'ECE, l'EIGSI, l'EPF et l'ESTACA sont 4 grandes écoles indépendantes. Leurs formations sont **habilitées par la CTI** et elles font partie de la **Conférence des Grandes Écoles** et de l'Union des Grandes Écoles Indépendantes. Elles proposent des formations rigoureuses et reconnues des industriels. Elles exigent un **bon niveau scientifique** et prennent en compte l'ouverture d'esprit des futurs ingénieurs.

Pour en savoir plus

www.concoursavenir.fr/b/
www.ece-france.com
www.eigsi.fr/
www.epf.fr/
www.estaca.fr/

■ Le concours GEIPI/ENI/Polytech

Le concours GEIPI/ENI a fusionné en 2010 avec le concours des Parcours des écoles d'ingénieurs Polytech (PeiP). Ainsi est né le concours GEIPI-Polytech. En 2010 ce concours d'entrée en première année dans 25 écoles publiques d'ingénieurs est ouvert aux élèves de Terminale S. Ce regroupement fait de ce nouveau concours le plus important concours d'écoles publiques d'ingénieurs post bac avec 2 000 places proposées.

Il permet de présenter une ou plusieurs de ces 25 écoles :
Agrosup Dijon ; EEIGM Nancy ; ENSGSI Nancy ; ESSTIN Nancy ; ESIREM Dijon ; ISAT Nevers ; ISEL Le Havre ; ISTIA Angers ; ISTY Versailles ; SUP Galilée Paris ; Telecom Lille 1 ; Telecom St-Etienne ; Polytech Annecy-Chambéry ; Polytech Clermont-Ferrand ; Polytech Grenoble ; Polytech Lille ; Polytech Marseille ; Polytech Montpellier ; Polytech Nantes ; Polytech Nice-Sophia ; Polytech Orléans ; Polytech Paris-UPMC ; Polytech Tours ; ISTIL Lyon 1 ; Polytech Paris-Sud.

Ces épreuves écrites sont communes avec celles du concours ENI.

Créée en 1981, **ENI École Informatique** a acquis une renommée nationale dans la formation d'informaticiens. En contact permanent avec les SSII, les entreprises régionales et nationales, ENI École Informatique propose ainsi à ses stagiaires des formations techniques de qualité visant certes des diplômes ou des certifications mais aussi et surtout l'emploi. L'école est conventionnée par la région des Pays de la Loire et agréée par les éditeurs de logiciels (Microsoft, Oracle, Cisco).

Pour en savoir plus

http://www.geipi-polytech.org/
http://www.eni-ecole.fr/

■ Le concours Sciences Po Paris

Sciences Po Paris est, depuis ses origines, une université ouverte sur le monde. Cette ouverture s'incarne à la fois dans son projet éducatif appuyé solidement sur le socle culturel européen, dans sa politique de recrutement du corps étudiant et professoral extrêmement dynamique, tout comme dans sa stratégie de partenariats avec de grandes universités étrangères.

L'épreuve de Mathématiques est une des 3 options possibles avec Littérature et Sciences économiques et sociales.
L'épreuve porte sur le programme de l'enseignement des mathématiques en classe de Terminale dans la série scientifique (hors spécialité). L'épreuve est constituée d'un problème qui illustre la portée des mathématiques comme langage scientifique pour la modélisation et l'interprétation.

Pour en savoir plus

http://www.sciencespo.fr/
http://admissions.sciences-po.fr/

GRILLES DE RÉPONSES VIERGES

À photocopier… et à compléter.

Pour le concours AVENIR

1		11		21		31		41		51	
2		12		22		32		42		52	
3		13		23		33		43		53	
4		14		24		34		44		54	
5		15		25		35		45		55	
6		16		26		36		46		56	
7		17		27		37		47		57	
8		18		28		38		48		58	
9		19		29		39		49		59	
10		20		30		40		50		60	

Pour le concours FESIC

1.a		3.a		5.a		7.a		9.a		11.a		13.a		15.a	
1.b		3.b		5.b		7.b		9.b		11.b		13.b		15.b	
1.c		3.c		5.c		7.c		9.c		11.c		13.c		15.c	
1.d		3.d		5.d		7.d		9.d		11.d		13.d		15.d	
2.a		4.a		6.a		8.a		10.a		12.a		14.a		16.a	
2.b		4.b		6.b		8.b		10.b		12.b		14.b		16.b	
2.c		4.c		6.c		8.c		10.c		12.c		14.c		16.c	
2.d		4.d		6.d		8.d		10.d		12.d		14.d		16.d	

■ Pour le concours ESIEE

1.a		5.a		9.a		13.a		17.a	
1.b		5.b		9.b		13.b		17.b	
1.c		5.c		9.c		13.c		17.c	
1.d		5.d		9.d		13.d		17.d	
1.e		5.e		9.e		13.e		17.e	
2.a		6.a		10.a		14.a		18.a	
2.b		6.b		10.b		14.b		18.b	
2.c		6.c		10.c		14.c		18.c	
2.d		6.d		10.d		14.d		18.d	
2.e		6.e		10.e		14.e		18.e	
3.a		7.a		11.a		15.a		19.a	
3.b		7.b		11.b		15.b		19.b	
3.c		7.c		11.c		15.c		19.c	
3.d		7.d		11.d		15.d		19.d	
3.e		7.e		11.e		15.e		19.e	
4.a		8.a		12.a		16.a		20.a	
4.b		8.b		12.b		16.b		20.b	
4.c		8.c		12.c		16.c		20.c	
4.d		8.d		12.d		16.d		20.d	
4.e		8.e		12.e		16.e		20.e	

■ Pour le concours EFREI

1.a		1.b		1.c		2.a		2.b		2.c	
3.a		3.b		3.c		4.a		4.b		4.c	
5.a		5.b		5.c		6.a		6.b		6.c	
7.a		7.b		7.c		8.a		8.b		8.c	
9.a		9.b		9.c		10.a		10.b		10.c	
11.a		11.b		11.c		12.a		12.b		12.c	
13.a		13.b		13.c		14.a		14.b		14.c	

Calculatrice interdite ; traiter 12 exercices sur les 16 en 2 h 30 ; répondre par Vrai ou Faux sans justification. +1 si bonne réponse, −1 si mauvaise réponse, 0 si pas de réponse, bonus d'1 point pour un exercice entièrement juste.

Exercice 1

On considère la fonction *f* définie par $f(x)=\frac{1}{2}\ln\left(\frac{1+x}{1-x}\right)$.

On appelle D l'ensemble de définition de *f*.

a. $D=]-1\,;+1[$.

b. *f* est paire.

c. *f* est décroissante sur D.

d. Quel que soit le réel b, l'équation $f(x)=b$ possède l'unique solution $x=\frac{e^{2b}-1}{e^{2b}+1}$.

Exercice 2

On considère la fonction f définie sur $\mathbb{R}$ par : $f(x)=\frac{x+1}{x}e^{-\frac{1}{x}}$ si $x\neq 0$ et $f(0)=0$. On appelle C la courbe représentant *f* dans un repère du plan.

a. *f* est continue en 0.

b. *f* est dérivable sur $\mathbb{R}^{-*}$ et sur $\mathbb{R}^{+*}$ et, pour $x\neq 0$, $f'(x)$ est du signe de x.

c. C possède la même droite pour asymptote en $+\infty$ et en $-\infty$.

d. Quel que soit le réel x, on a $f(x)<1$.

Exercice 3

On considère la fonction *f* définie sur $[1\,;+\infty[$ par : $f(t)=\sin(\ln t)$; on appelle C la courbe représentant *f* dans un repère orthonormal du plan.

Soit F la fonction définie sur $[1\,;+\infty[$ par $F(x)=\int_1^x f(t)\,dt$.

a. On a $f(e)=\frac{\pi}{2}$.

b. Si $t\in\left[1\,;e^{\pi}\right]$, alors on a $f(t)\geq 0$.

c. $F\left(e^{\pi}\right)$ représente l'aire de la surface limitée par la courbe C et les droites d'équations $x=1$, $x=e^{\pi}$ et $y=0$.

d. Quel que soit $x > 1$, on a $F'(x) \leq 1$.

■ Exercice 4

On considère une fonction f définie et deux fois dérivable sur $\mathbb{R}$.
On appelle Γ la courbe représentant f et C la courbe représentant la fonction dérivée f' de f. On a représenté ci-dessous la courbe C de f' : C est symétrique par rapport à l'origine du repère. La droite Δ est la tangente à C au point d'abscisse 0.

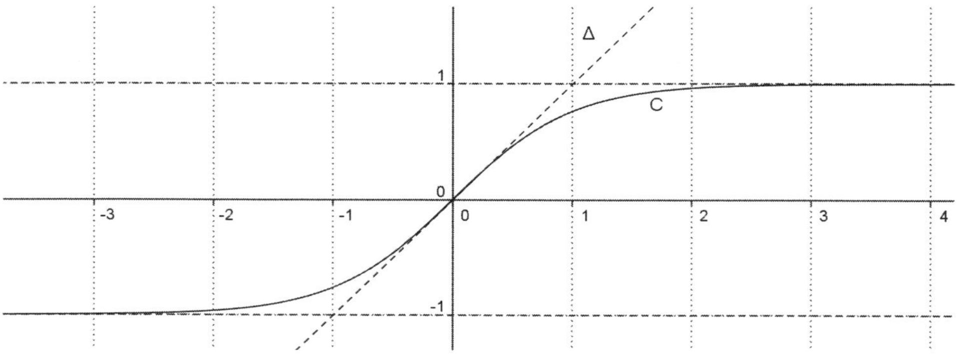

a. La courbe Γ de f est symétrique par rapport à l'axe des ordonnées.

b. $\lim_{x \to 0} \dfrac{f(x)}{x} = 1$.

c. La courbe Γ possède une et une seule tangente parallèle à l'axe des abscisses.

d. On a $f''(0) = 1$.

■ Exercice 5

a. $\int_{-5}^{7} |x| \, dx = 12$ J.

b. $\int_{0}^{1} (2x+5)e^x \, dx = 5e - 3$.

c. $\lim_{x \to 0} \dfrac{(x+1)(e^x - 1)}{x} = 2$.

d. Soit f la fonction définie sur $\mathbb{R}$ par $f(x) = x^2 \sin^2 x$. f est dérivable sur $\mathbb{R}$ et, pour $x \in \mathbb{R}$, on a $f'(x) = 2x \sin^2 x + x^2 \cos^2 x$.

■ Exercice 6

a. On considère un tétraèdre *ABCD*. On appelle *I* le milieu de [*AD*], *J* celui de [*BC*], *K* le barycentre de $\{(A;2),(B;1)\}$, *L* le barycentre de $\{(C;1),(D;2)\}$ et *G* le barycentre de $\{(A;2),(B;1),(C;1),(D;2)\}$.

On veut montrer que les points *I*, *J*, *K* et *L* sont coplanaires. On tient pour cela le raisonnement suivant :

« *G* est le barycentre de $\{(I;4),(J;2)\}$ et de $\{(K;3),(L;3)\}$. Donc *G*, *I* et *J* sont alignés, ainsi que *G*, *K* et *Z* sont alignés. On en déduit que *I*, *J*, *K* et *L* sont coplanaires. » *Ce raisonnement est exact.*

b. On considère les deux intégrales $I = \int_{\ln 2}^{\ln 8} \frac{e^x+3}{e^x+4}dx$ et $J = \int_{\ln 2}^{\ln 8} \frac{1}{e^x+4}dx$.

On veut calculer *I* et *J*. On tient pour cela le raisonnement suivant :

« On a $I+J = \int_{\ln 2}^{\ln 8} \frac{e^x+4}{e^x+4}dx = \ln 8 - \ln 2 = 2\ln 2$.

De plus, $I-3J = \int_{\ln 2}^{\ln 8} \frac{e^x}{e^x+4}dx = \left[\ln\left(e^x+4\right)\right]_{\ln 2}^{\ln 8} = \ln 12 - \ln 6 = \ln 2$.

On en déduit $I = \frac{7\ln 2}{4}$ et $J = \frac{\ln 2}{4}$. » *Ce raisonnement est exact.*

c. On considère la fonction *f* définie sur $\mathbb{R}^{+*}$ par : $f(x) = x\ln x$ si $x > 0$ et *f*(0) = 0. On appelle C la courbe représentant *f* dans un repère du plan. On cherche à savoir si C possède ou non une demi-tangente au point d'abscisse 0. On tient pour cela le raisonnement suivant :

« On sait que $\lim\limits_{x\to 0} f(x) = 0$ (limite de référence). Comme *f*(0) = 0, c'est que *f* est continue en 0. De plus on a $\lim\limits_{\substack{x\to 0\\ x>0}} \frac{f(x)-f(0)}{x} = -\infty$. On en déduit que C possède au point d'abscisse 0 une demi-tangente d'équation *x* = 0. » *Ce raisonnement est exact.*

d. On considère la fonction *f* définie sur $\mathbb{R}$ par : $f(x) = x^2 \sin\left(\frac{1}{x}\right)$ si $x > 0$ et *f*(0) = 0. On appelle C la courbe représentant *f* dans un repère. On cherche à savoir si C possède ou non une tangente au point d'abscisse 0. On tient pour cela le raisonnement suivant :

« Pour tout $x \neq 0$, on a : $-1 < \sin\left(\frac{1}{x}\right) < 1$, donc $-x^2 < f(x) < x^2$.

Or $\lim_{x\to 0}\left(-x^2\right)=\lim_{x\to 0}\left(x^2\right)=0$ donc, d'après le théorème des gendarmes, $\lim_{x\to 0} f(x)=0$. Comme $f(0) = 0$, c'est que f est continue en 0.
De plus f est dérivable sur $\mathbb{R}^{-*}$ et sur $\mathbb{R}^{+*}$ et, pour $x\neq 0$, on a

$$f'(x)=2x\sin\left(\frac{1}{x}\right)+x^2\left(-\frac{1}{x^2}\right)\cos\left(\frac{1}{x}\right)=2x\sin\left(\frac{1}{x}\right)-\cos\left(\frac{1}{x}\right).$$

Or on a $-x\leq 2x\sin\left(\frac{1}{x}\right)\leq x$ si $x > 0$ et $x\leq 2x\sin\left(\frac{1}{x}\right)\leq -x$ si $x < 0$. Donc $\lim_{x\to 0} 2x\sin\left(\frac{1}{x}\right)=0$. Mais comme $\lim_{x\to 0}\cos\left(\frac{1}{x}\right)$ n'existe pas, alors $f(x)$ n'a pas de limite quand x tend vers 0. Donc f n'est pas dérivable en 0. On en déduit que C ne possède pas de tangente au point d'abscisse 0. » *Ce raisonnement est exact.*

■ Exercice 7

Le plan complexe est rapporté à un repère orthonormal direct $(O\,;\vec{u},\vec{v})$. À chaque point M d'affixe z, on associe le point M' d'affixe z' tel que $z'=z^2+z+1$.
On appelle A le point d'affixe 1 et on note E_0 l'ensemble des points dont l'affixe z est solution de l'équation $z' = 0$.

a. Pour tout z différent de 1, on a $z'=\dfrac{1-z^3}{1-z}$.

b. L'ensemble E_0 est réduit à deux points B et C symétriques l'un de l'autre par rapport à l'axe $(O\,;\vec{u})$.

c. Quel que soit le point M d'affixe z appartenant à E_0 et quel que soit l'entier n, z^n est soit l'affixe du point A, soit celle d'un élément de E_0.

d. L'ensemble des points M d'affixe z tels que $z'\in\mathbb{R}$ est la réunion de deux droites perpendiculaires.

■ Exercice 8

Le plan complexe est rapporté à un repère orthonormal $(O\,;\vec{u},\vec{v})$. On considère, dans $\mathbb{C}$, l'équation (E): $z^2-2\bar{z}+1=0$.

a. Les complexes $-1 + 2i$ et son conjugué sont solutions de (E).

b. Cette équation est une équation polynômiale de degré 2 qui possède deux solutions.

c. On pose $z = x + iy$, x et y étant réels.
Si z est solution de (E), alors $y^2=(x-1)^2$.

d. La somme des solutions de (E) est égale à -1.

Exercice 9

On considère un triangle ABC et le point M milieu de $[BC]$. On appelle B' l'image de B par la rotation de centre A et d'angle $\frac{\pi}{2}$ et C' l'image de C par la rotation de centre A et d'angle $-\frac{\pi}{2}$.

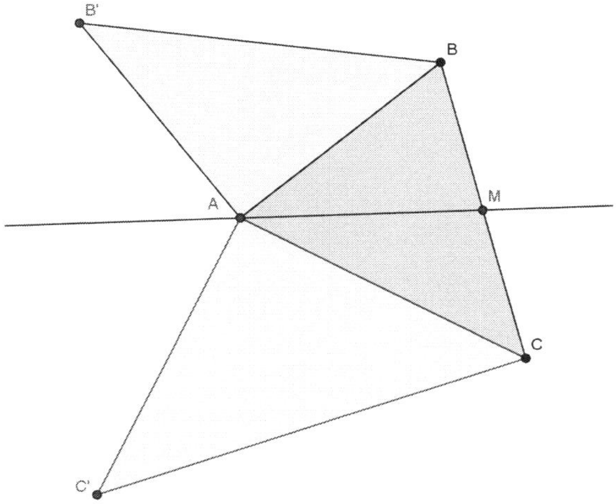

On munit le plan complexe d'un repère de centre A dans lequel B, C, B', C' et M ont les affixes respectives b, c, b', c' et m.

a. $c' + ic = 0$ et $b' - ib = 0$.

b. $\dfrac{c'-b'}{m} = -2i$.

c. (AM) et $(B'C')$ sont perpendiculaires.

d. $B'C' = 2AM$.

Exercice 10

Soient $a \in \mathbb{R}$ et φ une fonction définie et continue sur $\mathbb{R}$. On considère l'équation différentielle [E] : $y' + ay = \varphi(x)$.

a. Si φ est définie par $\varphi(x) = x^3 - 1$ alors, quel que soit le réel a, il existe un polynôme de degré 2, solution de [E].

b. Si φ est définie par $\varphi(x) = e^{2x}$, alors quel que soit le réel a, il existe $b \in \mathbb{R}$ tel que la fonction f, définie par $f(x) = be^{2x}$ soit solution de [E].

c. Si φ est la fonction constante nulle et si f est une solution de [E], alors la courbe représentant f possède au point d'abscisse 0 une tangente d'équation $y = (1 - ax) f(0)$.

d. Si $a = 0$, alors quelle que soit la fonction φ définie et continue sur $\mathbb{R}$, [E] possède une solution.

Exercice 11

On considère la suite u définie par $u_1 = 1$ et, pour tout $n \in \mathbb{N}^*$, $u_{n+1} = \left(\frac{1}{n} + \frac{1}{n^2}\right) u_n$.

a. La suite u est géométrique de raison $\left(\frac{1}{n} + \frac{1}{n^2}\right)$.

b. Quel que soit $n \in \mathbb{N}^*$, $u_n = \dfrac{n}{(n-1)!}$.

c. La suite u est décroissante à partir de $n = 2$.

d. La suite u est convergente.

■ Exercice 12

Soit la fonction f définie sur $I =]-\infty\,;3[$ par $f(x) = \dfrac{2}{3-x}$ et u la suite définie par $u_0 = 1{,}5$ et, pour tout $n \in \mathbb{N}$, $u_{n+1} = f(u_n)$.

a. f est croissante.

b. u est croissante.

c. Quel que soit $n \in \mathbb{N}$, on a : $1 < u_n < 2$.

d. Si u est convergente et si l est sa limite, alors l est solution de l'équation $f(x) = x$.

■ Exercice 13

On considère la suite u définie par $u_0 = \dfrac{1}{2}$ et, pour $n \in \mathbb{N}$, $u_{n+1} = \sqrt{2}\,(u_n)^2$. On admettra que quel que soit $n \in \mathbb{N}$, on a $u_n > 0$. On considère alors la suite v définie par $v_n = \ln\left(\sqrt{2}\, u_n\right)$.

a. La suite v est géométrique.

b. $v_{10} = -512 \times \ln 2$.

c. Quel que soit $n \in \mathbb{N}$, $\displaystyle\sum_{k=0}^{n} v_k = (\ln 2)(1 - 2^n)$.

d. Pour tout $n \in \mathbb{N}$, on a $u_0 \times u_1 \times u_2 \times \ldots \times u_n = \dfrac{1}{2^{2^n}}$

■ Exercice 14

On dispose de quatre urnes numérotées de 1 à 4. Les urnes sont composées ainsi :

Urne U_1 : 1 boule bleue et 3 boules rouges ;

Urne U_2 : 2 boules bleues et 4 boules rouges ;

Urne U_3 : 3 boules bleues et 5 boules rouges ;

Urne U_4 : 6 boules rouges.

Un joueur choisit une urne au hasard, puis prélève une boule au hasard de cette urne. Le joueur est gagnant s'il tire une boule bleue; il est perdant sinon. On désigne par :

- Ω l'univers des possibilités et P la probabilité associée ;
- P_A la probabilité conditionnée par un événement A de Ω ;
- G l'événement : « le joueur gagne » ;
- U_n l'événement : « le joueur choisit l'urne U_n ».

a. $P_{U_1}(G)=\frac{2}{3}P_{U_3}(G)$.

b. $P(G)=\frac{9}{8}$.

c. $P(U_1)=\frac{1}{6}$.

d. $P_{U_2}(G)=P_G(U_2)$.

■ Exercice 15

L'espace est rapporté à un repère orthonormal $(O;\vec{i},\vec{j},\vec{k})$. On considère les points $A(1, 2, 3)$, $B(-1, 4, 3)$, $C(-2, 1, 3)$ et $D(5, 4, -3)$.
On appelle K le barycentre de $\{(C, 1) ; (D, -2)\}$ et J le milieu de $[BC]$. On admet que les points A, B et C ne sont pas alignés.

a. Dans le triangle ABC, les médianes se coupent au point de coordonnées : $(-2, 7, 9)$.

b. Les coordonnées de K sont $(-12, -7, 9)$.

c. Une équation paramétrique du segment $[KJ]$ est $\begin{cases} x=12-9t \\ y=7-3t \\ z=-9+8t \end{cases}$, où $t\in\left[0;\frac{3}{2}\right]$.

d. Une équation du plan perpendiculaire à (KJ) passant par A est :

$$9x+3y-8z+9=0.$$

■ Exercice 16

L'espace est rapporté à un repère orthonormal $(O;\vec{i},\vec{j},\vec{k})$. On considère le plan P d'équation $\begin{cases} y=2x-1 \\ z\in\mathbb{R} \end{cases}$ et la droite D d'équation $\begin{cases} y=2x-1 \\ z=0 \end{cases}$.

Soient $A(1, 1, 1)$, B$(3, 5, -3)$ et $C(1, -4, 2)$.

a. A et B sont deux points de P.

b. D est perpendiculaire à P.

c. La distance de C à P est $\sqrt{5}$ (en unités de repère).

d. L'ensemble des points $M(x, y, z)$ tels que :

$$(x-1)(x-3)+(y-1)(y-5)+(z-1)(z+3)=0$$

est la sphère de diamètre $[AB]$.

Un peu de stratégie

C'est un Vrai/Faux avec quelques pièges comme souvent. Soyez vigilants... Pensez aussi que seuls 12 exercices sont corrigés et qu'il y a des pénalités qui peuvent coûter cher. Alors commencez vraiment par vos thèmes préférés ! Et si vous bloquez, passez à la suite !

Grille des réponses

1.a	**V**	3.a	**F**	5.a	**F**	7.a	**V**	9.a	**V**	11.a	**F**	13.a	**V**	15.a	**F**
1.b	**F**	3.b	**V**	5.b	**V**	7.b	**V**	9.b	**V**	11.b	**V**	13.b	**V**	15.b	**F**
1.c	**F**	3.c	**V**	5.c	**F**	7.c	**V**	9.c	**V**	11.c	**V**	13.c	**F**	15.c	**V**
1.d	**V**	3.d	**V**	5.d	**F**	7.d	**V**	9.d	**V**	11.d	**V**	13.d	**F**	15.d	**V**
2.a	**F**	4.a	**V**	6.a	**V**	8.a	**V**	10.a	**F**	12.a	**V**	14.a	**V**	16.a	**V**
2.b	**V**	4.b	**F**	6.b	**V**	8.b	**F**	10.b	**F**	12.b	**F**	14.b	**F**	16.b	**F**
2.c	**V**	4.c	**V**	6.c	**V**	8.c	**V**	10.c	**V**	12.c	**V**	14.c	**F**	16.c	**V**
2.d	**V**	4.d	**V**	6.d	**F**	8.d	**V**	10.d	**V**	12.d	**V**	14.d	**F**	16.d	**V**

Exercice 1

a. VRAI. La fonction définie par $f(x)=\frac{1}{2}\ln\left(\frac{1+x}{1-x}\right)$ est définie sur l'ensemble des réels x tels que : $\frac{1+x}{1-x}>0$. On construit le tableau de signe suivant qui permet de conclure que : $D=]-1\,;+1[$.

x	$-\infty$		-1		1		$+\infty$
$1+x$		$-$	0	$+$		$+$	
$1-x$		$+$		$+$	0	$-$	
$\frac{1+x}{1-x}$		$-$	0	$+$	‖	$-$	

b. FAUX. Même si $D=]-1\,;+1[$ est symétrique par rapport à 0, on a :

$f(-x)=\frac{1}{2}\ln\left(\frac{1-x}{1+x}\right)=-\frac{1}{2}\ln\left(\frac{1+x}{1-x}\right)=-f(x)$. Donc f est impaire.

Pensez à la relation $\ln\left(\frac{1}{a}\right) = -\ln(a)$ *qui donne également* $\ln\left(\frac{b}{a}\right) = -\ln\left(\frac{a}{b}\right)$.

c. FAUX. Sur D on a :

$$f'(x) = \frac{1}{2}\left(\frac{\frac{(1-x)+(1+x)}{(1-x)^2}}{\frac{1+x}{1-x}}\right) = \frac{2}{2(1-x)^2}\times\frac{1-x}{1+x} = \frac{1}{(1-x)(1+x)} > 0 .$$

Il est clair que f croît.

d. VRAI. $f(x) = b \Leftrightarrow \frac{1}{2}\ln\left(\frac{1-x}{1+x}\right) = b \Leftrightarrow \frac{1-x}{1+x} = e^{2b}$

$$\Leftrightarrow 1-x = (1+x)e^{2b} \Leftrightarrow -xe^{2b} - x = e^{2b} - 1 \Leftrightarrow x = \frac{1-e^{2b}}{1+e^{2b}}$$

Exercice 2

a. FAUX. D'une part, $\lim\limits_{x\to 0^-} \frac{x+1}{x} = -\infty$ et d'autre part, $\lim\limits_{x\to 0^-} e^{-\frac{1}{x}} = +\infty$. Donc, par produit, $\lim\limits_{x\to 0^-} f(x) = -\infty$. f ne peut donc pas être continue en 0, quelle que soit la valeur $f(0)$.

b. VRAI. f est dérivable sur $\mathbb{R}^{-*}$ et sur $\mathbb{R}^{+*}$ comme produit et composée de fonctions dérivables sur ces intervalles :

$$f'(x) = \frac{(x-(x+1))}{x^2}e^{-\frac{1}{x}} + \frac{x+1}{x}\times\frac{1}{x^2}\times e^{-\frac{1}{x}} = \ldots = \frac{e^{-\frac{1}{x}}}{x^3} .$$

Attention aux formules de dérivation :

$$(uv)' = u'v + v'u,\ (e^u)' = u'e^u,\ \left(\frac{1}{u}\right)' = -\frac{u'}{u^2}.$$

x^3 est du signe de x sur $\mathbb{R}^{-*}$ et sur $\mathbb{R}^{+*}$; puisque $e^{-\frac{1}{x}} > 0$ la proposition est vraie.

c. VRAI. D'une part, $\lim\limits_{x\to\pm\infty} \dfrac{x+1}{x} = 1$ et d'autre part, $\lim\limits_{x\to\pm\infty} e^{-\frac{1}{x}} = 1$ car $\lim\limits_{X\to 0} e^{X} = 1$.

Donc, par produit, $\lim\limits_{x\to\pm\infty} f(x) = 1$: il s'agit de la droite d'équation $y = 1$.

d. VRAI. Les réponses aux trois questions précédentes nous permettent de compléter le tableau suivant :

x	$-\infty$		0		$+\infty$
x		$-$	0	$+$	
$f'(x)$		$-$	‖	$+$	
f	1 ↘		$-\infty$ ‖ 0		↗ 1

Rappelez-vous du bonus d'un point si l'exercice est entièrement juste !

■ Exercice 3

a. FAUX. $f(e) = \sin(\ln(e)) = \sin(1) \neq \dfrac{\pi}{2}$. En effet $\pi \simeq 3{,}14$ donc $\dfrac{\pi}{2} > 1$ et l'égalité est absurde.

$\forall x \in \mathbb{R}, -1 \leq \sin x \leq 1$.

C'était une « question piège », car on sait bien qu'en revanche, $\sin\left(\dfrac{\pi}{2}\right) = 1$.

b. VRAI. $1 \leq t \leq e^{\pi} \Leftrightarrow 0 \leq \ln(t) \leq \pi$ puisque ln est strictement croissante sur $]0\,;+\infty[$ et que sinus est une fonction positive sur $[0\,;\pi]$.

c. VRAI. Par définition ! Cependant, ici, on peut confondre « aire » et « aire algébrique » parce que la fonction *f* est positive sur l'intervalle considéré…

Si C est la courbe représentative de f, $\int_a^b f(t)\,dt$ *est la mesure de **l'aire algébrique** (comptée positivement si f positive et négativement si f négative) de la surface délimitée par les droites d'équations : x = a, x = b, l'axe (Ox) et la courbe C. Elle est comptée en unités d'aire.*

d. VRAI. $F'(x) = f(x) = \sin\left(\ln(x)\right) \leq 1$ (voir le rappel de la question a).

Exercice 4

a. VRAI. *C* est symétrique par rapport à l'origine du repère donc *f'* est impaire $\left(f'(-x) = -f'(x)\right)$.
Si on pose $g(x) = f(-x)$, on peut constater que $g'(x) = -f'(-x) = f'(x)$.
Ainsi, *g* et *f* ayant la même dérivée, elles ne diffèrent que d'une constante. Or $g(0) = f(-0) = f(0)$ donc *g* et *f* sont égales.
Cela implique que $f(-x) = f(x)$ donc *f* est une fonction paire et Γ est bien symétrique par rapport à l'axe des ordonnées.

b. FAUX. $\lim\limits_{x\to 0}\dfrac{f(x)}{x} = \lim\limits_{x\to 0}\dfrac{f(x)-f(0)+f(0)}{x-0}$. Or $\lim\limits_{x\to 0}\dfrac{f(x)-f(0)}{x-0} = f'(0) = 0$ d'après le graphique ; si la proposition était vraie, alors nous aurions $\lim\limits_{x\to 0}\dfrac{f(0)}{x} = 1$, ce qui est absurde puisque $\lim\limits_{x\to 0}\dfrac{1}{x} = \infty$.

Si f est une fonction dérivable en a, alors $\lim\limits_{x\to a}\dfrac{f(x)-f(a)}{x-a} = f'(a)$.

c. VRAI. La tangente à Γ en *a* est parallèle à l'axe des abscisses si et seulement si $f'(a) = 0$. Or la fonction f' ne s'annule qu'en 0 donc, la seule tangente à Γ parallèle à l'axe des abscisses, est la tangente en 0.

d. VRAI. $f''(0) = 1$, c'est le coefficient directeur de Δ, la tangente à *C* en 0.

Exercice 5

a. FAUX. $\int_{-5}^{7}|x|\,dx = \int_{-5}^{0}-x\,dx + \int_{0}^{7}x\,dx = \left[-\dfrac{x^2}{2}\right]_{-5}^{0} + \left[\dfrac{x^2}{2}\right]_{0}^{7} = \dfrac{25}{2} + \dfrac{49}{2} = 37$.

En revanche, $\int_{-5}^{7}x\,dx = \left[\dfrac{x^2}{2}\right]_{-5}^{7} = 12$.

Si $x \geq 0$, *alors* $|x| = x$ et *si* $x \leq 0$, *alors* $|x| = -x$ *(où* $|x|$ *est la valeur absolue de x).*

b. VRAI. En faisant une intégration par parties, on pose $u = 2x+5$, $v' = e^x$ et on obtient $u' = 2$ et $v = e^x$.

Une intégration par parties (IPP) se calcule ainsi : $\int_a^b u\times v' = [u\times v]_a^b - \int_a^b u'\times v$. *En général avec une exponentielle on pose* $v' = e^{ax+b}$ *d'où* $v = \frac{1}{a}e^{ax+b}$.

On a donc $\int_0^1 (2x+5)e^x dx = \left[(2x+5)e^x\right]_0^1 - \int_0^1 2e^x dx = 5e-3$.

c. FAUX. En effet, $\lim\limits_{x\to 0}\frac{(x+1)(e^x-1)}{x} = \lim\limits_{x\to 0}(x+1)\frac{(e^x-1)}{x} = \lim\limits_{x\to 0}(x+1)\frac{e^x-e^0}{x-0}$.

Or $\lim\limits_{x\to 0}(x+1)=1$ et $\lim\limits_{x\to 0}\frac{e^x-e^0}{x-0} = e^0 = 1$ (voir le rappel de cours de l'exercice 4),

donc, par produit, $\lim\limits_{x\to 0}\frac{(x+1)(e^x-1)}{x} = 1$.

d. FAUX. *f* est bien dérivable car produit de fonctions dérivables sur $\mathbb{R}$ mais on a : $f'(x) = 2x\sin^2(x) + x^2\times 2\sin(x)\cos(x) \neq 2x\sin^2(x) + x^2\cos^2(x)$.
En particulier $f'(\pi) = 0$, ce qui n'est pas vérifié par la formule proposée.

Encore une « question piège ». La dérivée d'une fonction carrée est : $(u^2)' = 2u'u$ *et non* $2u$.

Exercice 6

a. VRAI. Deux droites (*IJ*) et (*KL*) sécantes (en *G*) sont coplanaires.

b. VRAI. Les calculs sont justes, il suffit de résoudre le système $\begin{cases} I+J=2\ln 2 \\ I-3J=\ln 2 \end{cases}$.
On peut soustraire la ligne 2 à la ligne 1 pour démarrer la résolution.

c. VRAI. Ce raisonnement est tout à fait exact et les calculs sont justes :

$$\lim_{x\to 0^+}\frac{f(x)-f(0)}{x} = \lim_{x\to 0^+}\ln x = -\infty.$$

Cependant, même si la courbe représentative de f admet cette demi-tangente, remarquez qu'elle est ***verticale****. Donc, la fonction n'est* ***pas dérivable*** *en 0 (un nombre dérivé est fini).*

d. FAUX. Dès le début, l'assertion « Pour tout $x \neq 0$, on a : $-1 < \sin\left(\frac{1}{x}\right) < 1$ » est fausse. En effet, pour $x = \frac{2}{\pi} \neq 0$, on a $\sin(x) = \sin\left(\frac{\pi}{2}\right) = 1$. En revanche, le reste du raisonnement est juste.

■ Exercice 7

a. VRAI. Il s'agit d'une (courte) somme géométrique.

> *À connaître absolument :*
>
> $$1 + q + q^2 + ... + q^n = \frac{1-q^{n+1}}{1-q}, \textit{ lorsque } q \neq 1.$$

b. VRAI. $\mathrm{E}_0 = \left\{ z \in \mathbb{C} / z^2 + z + 1 = 0 \right\}$: c'est une équation du second degré à coefficients réels dont le discriminant est strictement négatif. Les solutions sont : $j = \frac{-1}{2} + i\frac{\sqrt{3}}{2} = e^{\frac{2i\pi}{3}}$ et $\overline{j} = \frac{-1}{2} - i\frac{\sqrt{3}}{2} = e^{-\frac{2i\pi}{3}}$, son conjugué.

c. VRAI. Lorsque n parcourt l'ensemble $\mathbb{Z}$, j^n est soit égal à j, soit égal à $\overline{j}$, soit égal à 1. De même pour $\overline{j}^n$, il suffit de regarder l'argument $\pm\frac{2n\pi}{3}$, le module étant toujours égal à 1.

d. VRAI.

$$\begin{aligned} z' \in \mathbb{R} &\Leftrightarrow z^2 + z + 1 \in \mathbb{R} \Leftrightarrow (x+iy)^2 + x + iy + 1 \in \mathbb{R} \\ &\Leftrightarrow x^2 + 2ixy - y^2 + x + iy + 1 \in \mathbb{R} \Leftrightarrow 2ixy + iy = 0 \\ &\Leftrightarrow y(2x+1) = 0 \Leftrightarrow y = 0 \text{ ou } x = -\frac{1}{2}. \end{aligned}$$

Ce sont bien les équations de deux droites perpendiculaires, l'une horizontale, l'autre verticale.

> *Rappelez-vous qu'un nombre complexe est réel si et seulement si sa partie imaginaire est nulle.*

■ Exercice 8

a. VRAI. Il suffit d'écrire : $(-1+2i)^2 - 2(-1-2i) + 1 = 1 - 4i - 4 + 2 + 4i + 1 = 0$. De même pour $-1-2i$.

b. FAUX. Cette équation n'est pas polynomiale, sinon elle s'écrirait sous la forme : $az^2 + bz + c = 0$, il n'y aurait pas de $\overline{z}$.

De plus, attention, elle possède au moins trois solutions : $-1+2i$, $-1-2i$ *et 1 (racine « évidente »).*
Attention également à bien comprendre le sens des expressions « au moins », « au plus », « exactement ».

c. VRAI. $z^2 - 2\overline{z} + 1 = 0 \Leftrightarrow (x+iy)^2 - 2\overline{(x+iy)} + 1 = 0$, soit en développant :

$$x^2 + 2ixy - y^2 - 2x + 2iy + 1 = 0 \Leftrightarrow \left(x^2 - y^2 - 2x + 1\right) + i\left(2xy + 2y\right) = 0$$

$$\Leftrightarrow x^2 - y^2 - 2x + 1 = 0 \text{ et } 2xy + 2y = 0.$$

On a donc $x^2 - 2x + 1 = y^2$, c'est-à-dire, $(x-1)^2 = y^2$.

Deux nombres complexes sont égaux si et seulement si leurs parties réelles et imaginaires sont respectivement égales : ici on a égalité des nombres $\left(x^2 - y^2 - 2x + 1\right) + i\left(2xy + 2y\right)$ *et* $0 = 0 + 0i$.

d. VRAI. Résolvons d'abord l'équation pour connaître exactement ses solutions.
Si $z = x + iy$ est solution de l'équation, d'après la question précédente on a $y^2 = (x-1)^2 + 2iy(x+1)$. La partie imaginaire du second membre est nulle (puisque égale à celle du premier). Conclusion :
* soit y est nul, alors $x = 1$ (d'après c.) ; on trouve la solution $z = 1 + 0i = 1$;
* soit y est non nul et c'est $x+1$ qui est nul, ce qui nous donne $x = -1$. Par conséquent $y^2 = 4$ (toujours d'après c.) d'où $y = 2$ ou $y = -2$. On trouve donc les solutions $-1+2i$ et $-1-2i$.
En bref, les seules solutions sont celles mentionnées à la question b. Leur somme vaut bien -1 !!!

Souvenez-vous encore du bonus d'un point si l'exercice est entièrement juste ! Ici, la résolution demandait pas mal de rigueur mais, ne décrochez pas pour autant !

■ Exercice 9

a. VRAI. Il suffit d'écrire la formule (si on connait bien son cours). On a $c' = e^{-i\frac{\pi}{2}}c = -ic$; de même $b' = ib$.

On rappelle l'écriture complexe d'une rotation de centre d'affixe ω *et d'angle* θ : $z' - \omega = e^{i\theta}(z - \omega)$.

b. VRAI. On a $m = \dfrac{b+c}{2}$, on trouve bien $\dfrac{c'-b'}{m} = -2i$.

c. VRAI. En effet, $\left(\overrightarrow{AM}\,;\overrightarrow{B'C'}\right) = \arg\left(\dfrac{c'-b'}{m}\right) = \arg(-2i) = -\dfrac{\pi}{2}\ [2\pi]$.

Il est primordial de connaître la relation suivante :

$$\left(\overrightarrow{AB}\,;\overrightarrow{CD}\right) = \arg\left(\frac{d-c}{b-a}\right)\ [2\pi]$$

où a, b, c et d sont les affixes respectives des points A, B, C et D (avec $a \neq b$ et $c \neq d$).

d. VRAI. $\dfrac{B'C'}{AM} = \left|\dfrac{c'-b'}{m}\right| = |-2i| = 2$.

Et cette fois, $\dfrac{CD}{AB} = \left|\dfrac{d-c}{b-a}\right|$ où a, b, c et d sont toujours les affixes respectives des points A, B, C et D.
Il est souvent important, avec les nombres complexes, d'avoir une vision géométrique des formules.

■ Exercice 10

a. FAUX. Si y est de degré 2, alors $y'+ay$ est généralement un polynôme de degré 2 tandis que φ est de degré 3 : c'est impossible !

b. FAUX. Si $f(x) = be^{2x}$ est solution alors :

$$f'(x) + af(x) = e^{2x} \Leftrightarrow 2be^{2x} + abe^{2x} = e^{2x} \Leftrightarrow 2b + ab = 1,$$

ce qui implique que $b = \dfrac{1}{2+a}$: cette écriture n'a du sens que si $a \neq -2$.

c. VRAI. $y = f'(0)(x-0) + f(0)$; or $f(0) + af'(0) = 0$ (car $\varphi(0) = 0$) : on a bien $y = f(0)(1-ax)$.

Si f est une fonction dérivable en a, le coefficient directeur de la tangente à sa courbe représentative au point d'abscisse a est f'(a) et l'équation de la tangente : $y = f'(a)(x-a) + f(a)$.

d. VRAI. Toute fonction *f* continue admet des primitives. Elles sont de la forme

$$x \mapsto \int_a^x f(t)dt.$$

■ Exercice 11

a. FAUX. Surtout pas ! La raison d'une suite géométrique est une constante !

Soyez méfiant ! À nouveau une « question piège » !

b. VRAI. On doit le démontrer par récurrence.
L'initialisation : pour $n=1$ la relation est vraie en sachant que $0!=1$ (c'est une convention).

À savoir sur la factorielle : $n!=n\times(n-1)\times\ldots\times 3\times 2\times 1$, $0!=1$ *par convention et la relation de récurrence :* $n!=n\times(n-1)!$

L'hérédité : on suppose que la relation est vraie pour un rang n fixé ; on veut démontrer qu'elle est vraie au rang suivant $n+1$:

$$u_{n+1}=\left(\frac{1}{n}+\frac{1}{n^2}\right)u_n=\frac{n+1}{n^2}\times\frac{n}{(n-1)!}=\frac{n+1}{n\times(n-1)!}=\frac{n+1}{n!}.\text{ CQFD !}$$

c. VRAI. Pour tout entier non nul n, $u_n>0$ et $\dfrac{u_{n+1}}{u_n}=\dfrac{n+1}{n^2}<1$ dès que $n>1$.

d. VRAI. On utilise le théorème des gendarmes :

$$0\leq\frac{n}{(n-1)!}\leq\frac{2(n-1)}{(n-1)!}=\frac{2}{(n-2)!}\rightarrow 0,$$

un peu sioux !

■ Exercice 12

a. VRAI. Car $f'(x)=\dfrac{-2}{(3-x)^2}\times(-1)=\dfrac{2}{(3-x)^2}>0$.

b. FAUX. En particulier $u_1=\dfrac{2}{3-u_0}=\dfrac{2}{3-1{,}5}=\dfrac{2}{1{,}5}=\dfrac{4}{3}\simeq 1{,}333$ alors que $u_0=1{,}5$.

c. VRAI. On peut soit faire une récurrence, soit connaître les résultats suivants : étant donné que f est croissante alors u est monotone, et comme $u_1<u_0$, alors u est strictement décroissante. Elle est donc majorée par son premier terme $u_0=1{,}5<2$.
De plus, u est minorée par 0 (on peut facilement vérifier que u est positive), ainsi la suite u est convergente (puisque décroissante). Sa limite l vérifie

$l = \dfrac{2}{3-l}$; la seule solution positive de cette équation est $l = 1$, donc u décroit vers 1.

d. VRAI. Il s'agit du « théorème du point fixe » vu ci-dessus. Attention, ce théorème ne fonctionne que si la fonction f est continue.

■ Exercice 13

a. VRAI.

$$\frac{v_{n+1}}{v_n} = \frac{\ln\left(\sqrt{2}u_{n+1}\right)}{\ln\left(\sqrt{2}u_n\right)} = \frac{\ln\left(\sqrt{2} \times \sqrt{2}u_n{}^2\right)}{\ln\left(\sqrt{2}u_n\right)} = \frac{\ln\left(\left(\sqrt{2}u_n\right)^2\right)}{\ln\left(\sqrt{2}u_n\right)} = \frac{2\ln\left(\sqrt{2}u_n\right)}{\ln\left(\sqrt{2}u_n\right)} = 2.$$

b. VRAI. $v_{10} = v_0 \times 2^{10} = \ln\left(\sqrt{2} \times \dfrac{1}{2}\right) \times 2^{10} = \ln\left(\dfrac{1}{\sqrt{2}}\right) \times 2^{10}$

$$= -\ln\left(2^{\frac{1}{2}}\right) \times 1024 = -\frac{1}{2}\ln(2) \times 1024 = -512\ln(2).$$

Attention, question calculatoire ! Soyez vigilant !

$\forall a \geq 0, \sqrt{a} = a^{\frac{1}{2}}$, $\forall a > 0, \forall b > 0, \ln\left(a^b\right) = b\ln(a)$.

c. FAUX. Il s'agit d'une somme de termes d'une suite géométrique (comme à l'exercice 7) :

$$\sum_{k=0}^{n} v_k = v_0 \frac{1-2^{n+1}}{1-2} = v_0\left(2^{n+1}-1\right) = -\frac{1}{2}\ln(2) \times \left(2^{n+1}-1\right) \neq \ln(2) \times \left(1-2^{n+1}\right),$$

différents à cause du $\dfrac{1}{2}$.

d. FAUX. D'une part on a $u_0 \times u_1 = \dfrac{1}{2} \times \sqrt{2} \times \left(\dfrac{1}{2}\right)^2 = \dfrac{\sqrt{2}}{8}$ d'après les valeurs de u_0 et de u_1 ; d'autre part, $u_0 \times u_1 = \dfrac{1}{2^{2^0}} \times \dfrac{1}{2^{2^1}} = \dfrac{1}{8}$ d'après la formule proposée…

Exercice 14

a. VRAI. $P_{U_1}(G)=\frac{1}{4}$ puisqu'il n'y a qu'une boule bleue parmi quatre dans l'urne U_1 ; par le même raisonnement $P_{U_3}(G)=\frac{3}{8}$. Puisque $\frac{2}{3}\times\frac{3}{8}=\frac{1}{4}$ la proposition est bel et bien vraie !

b. FAUX. Et archi faux, sans réfléchir : $\frac{9}{8}>1$.

> *Il n'y a même pas à réfléchir car une probabilité est un nombre de l'intervalle* $[0\,;1]$.

c. FAUX. $P(U_1)=\frac{1}{4}$. En effet, il choisit une urne au hasard parmi quatre urnes.

d. FAUX. $P_{U_2}(G)=\frac{1}{3}$ (même raisonnement qu'en a) et enfin

$$P_G(U_2)=\frac{P(U_2\cap G)}{P(G)}=\frac{\frac{1}{4}\times\frac{2}{6}}{\frac{1}{4}\times\frac{1}{4}+\frac{1}{4}\times\frac{2}{6}+\frac{1}{4}\times 0}=\frac{8}{23}.$$

Exercice 15

a. FAUX. $\frac{x_A+x_B+x_C}{3}=\frac{1-1-2}{3}\neq -2$.

Le point de concours des médianes est le centre de gravité du triangle, donc l'isobarycentre de ses sommets.

b. FAUX. $\frac{x_C-2x_D}{1-2}=12\neq -12$.

c. VRAI. $K(12\,;7\,;-9)$ et $J\left(-\frac{3}{2}\,;\frac{5}{2}\,;3\right)$.

Donc $\overrightarrow{KJ}=\left(-\frac{27}{2}\,;-\frac{9}{2}\,;12\right)=\frac{3}{2}(-9\,;-3\,;8)$.

d. VRAI. $\vec{n}=-\frac{2}{3}\overrightarrow{KJ}=(9\,;3\,;-8)$ est bien un vecteur normal à ce plan ; on trouve 9 en utilisant le fait que A est dans le plan.

Tout plan orthogonal à $\vec{n}(a\,;b\,;c)$ admet une équation cartésienne de la forme $ax+by+cz+d=0$.
Réciproquement, le plan d'équation $ax+by+cz+d=0$ a pour vecteur normal $\vec{n}(a\,;b\,;c)$.

■ Exercice 16

a. VRAI. $2x_A-1=1=y_A$ et $z_A\in\mathbb{R}$, $2x_B-1=5=y_B$ et $z_B\in\mathbb{R}$.

b. FAUX. D est incluse dans P car $y=0\in\mathbb{R}$.

c. VRAI. L'équation cartésienne de P est $2x-y-1=0$; on a donc

$$d(C\,;\mathrm{P})=\frac{|2\times1-(-4)-1|}{\sqrt{2^2+1^2+0^2}}=\sqrt{5}\,.$$

La distance entre le point $A(x_A\,;y_A\,;z_A)$ et le plan P d'équation cartésienne $ax+by+cz+d=0$ est :

$$d(A\,;\mathrm{P})=\frac{|ax_A+by_A+cz_A+d|}{\sqrt{a^2+b^2+c^2}}\,.$$

d. VRAI. C'est le produit scalaire $\overrightarrow{AM}\bullet\overrightarrow{BM}=0$. C'est l'ensemble des sommets à angle droit des triangles rectangles de diamètre $[AB]$ (revoir son cours de Quatrième…).

Calculatrice interdite ; traiter 12 exercices sur les 16 en 2 h 30 ; répondre par Vrai ou Faux sans justification. +1 si bonne réponse, −1 si mauvaise réponse, 0 si pas de réponse, bonus d'1 point pour un exercice entièrement juste.

■ Exercice 1

On considère la fonction *f* définie par $f(x)=\ln\left(\dfrac{3x+2}{5x}\right)$. On appelle D l'ensemble de définition de *f*, D' l'ensemble de définition de sa dérivée f' et C sa courbe représentative dans un repère du plan.

a. Pour tout $x \in \mathrm{D}$, on a $f(x)=\ln(3x+2)-\ln x-\ln 5$.

b. Pour tout $x \in \mathrm{D'}$, on a $f'(x)=\dfrac{3}{5}\times\dfrac{5x}{3x+2}$.

c. $\mathrm{D'}=\mathbb{R}-\left\{0\,;-\dfrac{2}{3}\right\}$.

d. On a $f(x)=0$ si et seulement si $x=1$.

■ Exercice 2

Soient $n\in\mathbb{N}^*$, *P* un polynôme de degré *n* et *f* la fonction définie sur $\mathbb{R}$ par $f(x)=P(x)\times e^{2x-1}$.

a. Il existe un polynôme *Q* de même degré que *P* (degré *n*) tel que quel que soit $x\in\mathbb{R}$, $f'(x)=Q(x)\times e^{2x-1}$.

b. Quels que soient le polynôme *P* et son degré, $\lim\limits_{x\to-\infty} f(x)=0$.

c. L'inéquation $e^{2x-1}\geq 3$ n'a pas de solution.

d. On suppose ici que *P* est le polynôme défini par $P(x)=x^2+1$. On suppose que *a*, *b* et c sont trois réels tels que la fonction *F* définie sur $\mathbb{R}$ par $F(x)=\left(ax^2+bx+c\right)\times e^{2x-1}$ soit une primitive de *f*.

Alors on a le système $\begin{cases} a=1 \\ 2a+b=0 \\ b+c=1 \end{cases}$.

■ Exercice 3

On considère les fonctions *f* et *g* définies sur $\mathbb{R}$ respectivement par :

$$f(x)=\frac{x}{e^x+1}+2 \text{ et } g(x)=e^x(1-x)+1.$$

On admet que l'équation $g(x)=0$ possède une et une seule solution dans $\mathbb{R}$ et on appelle a cette solution. On appelle C la courbe représentant f dans un repère du plan.

a. La droite d'équation $y=x+2$ est asymptote à C ?

b. g est décroissante sur $\mathbb{R}^-$ et croissante sur $\mathbb{R}^+$.

c. Quel que soit $x \in \mathbb{R}$, $f'(x)$ est du signe opposé à $g(x)$.

d. On a $f(a)=a+1$.

■ Exercice 4

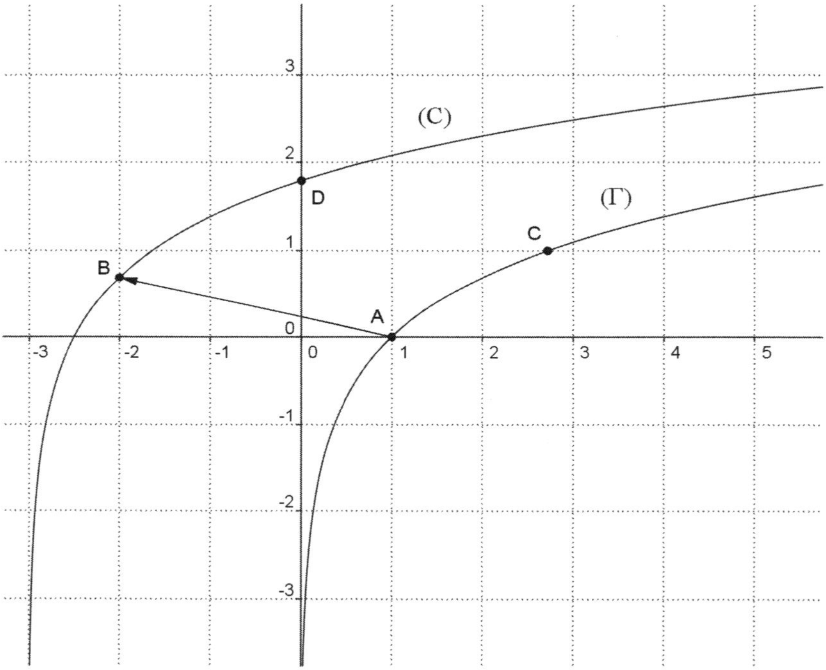

On considère le graphique ci-dessus réalisé dans un repère orthonormal.
(C) est la représentation d'une fonction f et (Γ) est celle de la fonction ln (logarithme népérien).

On sait que (C) est l'image de (Γ) par la translation de vecteur $\overrightarrow{AB}$, avec $A(1,0)$ et $B(-2, \ln 2)$.

a. f est la fonction définie par $f(x)=\ln(2x+6)$.

b. La distance entre deux points M et N appartenant respectivement à Γ et à C et situés à la même ordonnée est constante.

c. La tangente à Γ en A est parallèle à la tangente à C en B.

d. La droite (CD) est parallèle à la droite (AB).

■ Exercice 5

a. Quel que soit $x_0 \in]1, +\infty[$, on a $\left(\ln\left(\ln(x)\right)\right)'(x_0) = \dfrac{2\ln x_0}{x_0}$.

b. L'ensemble des solutions de l'inéquation $e^{2x} - 3e^x - 4 \geq 0$ est $[\ln 4, +\infty[$.

c. On considère la fonction f définie sur $\mathbb{R}$ par : $f(x) = x\sin\dfrac{1}{x}$ si $x \neq 0$ et $f(0) = 0$. f est continue en 0.

d. On considère la fonction g définie sur $\mathbb{R}^+$ par : $g(t) = t\ln t$ pour $t > 0$ et $g(0) = 0$. La courbe représentant g dans un repère du plan possède une demi-tangente au point d'abscisse 0.

■ Exercice 6

a. On considère la suite u, définie par : $u_0 = 3$ et, pour tout $n \in \mathbb{N}$, $u_n = \dfrac{4u_n - 2}{u_n + 1}$.

On veut montrer que quel que soit $n \in \mathbb{N}$, on a $u_n > 1$. On tient pour cela le raisonnement par récurrence suivant :

« Soit P(n) l'inéquation [$u_n > 1$].

Initialisation : cas $n = 0$. $u_0 = 3 > 1$. Donc P(0) est vraie.

Hérédité : Soit $p \in \mathbb{N}$. Supposons que P(p) soit vraie. Montrons que P(p + 1) est vraie.

On a $u_p > 1$ d'après l'hypothèse de récurrence. Donc $4u_p - 2 > 4 \times 1 - 2$, soit $4u_p - 2 > 2$. De même $u_p + 1 > 1 + 1$, donc $u_p + 1 > 2$. On en déduit $\dfrac{4u_p - 2}{u_p + 1} > \dfrac{2}{2}$ et donc $u_{p+1} > 1$. Donc P(p + 1) est vraie.

Conclusion : De ces deux assertions et d'après le théorème de raisonnement par récurrence, on déduit que quel que soit $n \in \mathbb{N}$, P(n) est vraie. » *Ce raisonnement est exact.*

b. On considère les fonctions f et g définies respectivement par :

$$x \in \left]-\frac{3}{2} ; +\infty\right[, \ f(x) = \ln(2x+3) \text{ et } x \in \mathbb{R}, \ g(x) = \frac{e^x - 3}{2}.$$

On appelle C_f et C_g les courbes représentant respectivement f et g dans un repère orthonormal du plan et on appelle Δ la droite d'équation $y = x$. On veut montrer que C_f et C_g sont symétriques par rapport à Δ. On tient pour cela le raisonnement suivant :

« Soient $x \in \left]-\dfrac{3}{2} ; +\infty\right[$, $y \in \mathbb{R}$, M le point de C_f de coordonnées (x, y) et N le point de coordonnées (y, x). Par définition, Δ est médiatrice de $[MN]$. Or $M \in C_f$, donc $y = f(x) = \ln(2x + 3)$. On en déduit $2x + 3 = e^y$ et donc

$x = \dfrac{e^y - 3}{2}$. Il s'ensuit que le point N appartient à C_g. Ceci étant vrai pour tout point M ainsi défini, c'est que C_f et C_g sont symétriques par rapport à Δ. »
Ce raisonnement est exact.

c. On considère la suite u définie par : $u_0 = 3$ et, pour tout $n \in \mathbb{N}$, $u_{n+1} = \dfrac{u_n^2 + 8}{6}$.
On veut montrer que u est croissante. On tient pour cela le raisonnement suivant : « Un raisonnement par récurrence prouve que quel que soit $n \in \mathbb{N}$, on a $u_n > 0$. Or la fonction f définie par $f(x) = \dfrac{x^2 + 8}{6}$ est croissante sur $]0\,;+\infty[$ et quel que soit $n \in \mathbb{N}$, on a $u_{n+1} = f(u_n)$. On en déduit que u est croissante. »
Ce raisonnement est exact.

d. On considère le polynôme P défini par $P(x) = x^4 - 6x^3 + 13x^2 - 12x + 4$. On veut montrer que $P(x)$ est factorisable par $(x-1)^2$. On tient pour cela le raisonnement suivant :
« On a $P(1) = 0$. Il existe donc un polynôme Q_1 tel que, pour tout x, $P(x) = (x-1)Q_1(x)$. Pour tout x, on a : $P'(x) = 4x^3 - 18x^2 + 26x - 12$.
Mais aussi : $P'(x) = Q_1(x) + (x-1)Q_1'(x)$. Or $P'(1) = 0$. On a donc $Q_1(1) = 0$.
Il existe donc un polynôme Q_2 tel que pour tout x, $Q_1(x) = (x-1)Q_2(x)$, soit aussi $P(x) = (x-1)^2 Q_2(x)$. »
Ce raisonnement est exact.

■ Exercice 7

Dans le plan complexe de centre O, on considère les points A, B et C d'affixes respectives : $a = \sqrt{3}(1+i)$, $b = i\sqrt{3}$, $c = \dfrac{\sqrt{3}}{2}(-1+i)$.

a. $OABC$ est un trapèze.
b. (OC) et (BC) sont perpendiculaires.
c. L'affixe du barycentre G du système $\{(A, 2), (B, -1), (C, 3)\}$ est $2a - b + 3c$.
d. $OABC$ possède deux côtés de même longueur.

■ Exercice 8

On considère dans $\mathbb{C}$ l'équation [E]: $z^4 + 2z^2 + 4 = 0$.
Un nombre complexe z étant donné, on note $\overline{z}$ le complexe conjugué de z.
a. [E] possède au plus 4 solutions.
b. Si z_0 est une solution de [E], alors $-z_0$, $\overline{z_0}$ et $-\overline{z_0}$ sont d'autres solutions.
c. Les solutions de [E] ont toutes le même module.

d. Les solutions de [E] ont toutes le même argument (à 2π près).

■ Exercice 9

Le plan complexe est rapporté à un repère orthonormal $(O\,;\vec{u},\vec{v})$. On considère le point A d'affixe $a=1-i\sqrt{3}$, la rotation r de centre A et d'angle $\frac{\pi}{2}$ et la translation t de vecteur $\overrightarrow{OA}$.

a. Le point A a les coordonnées polaires $\left(2,-\frac{\pi}{3}\right)$.

b. L'image de O par r est le point B de coordonnées cartésiennes $\left(\sqrt{3},1\right)$.

c. Le point image de O par $r\circ t$ est le point A.

d. Si C est le point d'affixe c, alors le point d'affixe $\frac{1}{2}iac$ est l'image de C par la rotation de centre O et d'angle $\frac{\pi}{6}$.

■ Exercice 10

On considère la fonction φ définie par : $\varphi(t)=\frac{e^t}{t}$. Soient deux réels a et b et la fonction f définie par $f(x)=e^{-x}\int_a^b \frac{e^t}{t}dt$. En particulier, on a $f(0)=\int_a^b \frac{e^t}{t}dt$.

On appelle D l'ensemble de définition de f.

a. Si $a = 1$, alors f est définie quel que soit b.

b. Si $b = 1$, alors f est définie quel que soit a.

c. Si $a = 2$ et $b = 1$, alors $f(0)$ représente l'aire (en unités d'aire) de la surface comprise entre les droites d'équation $y = 0$, $x = 2$, $x = 1$ et la courbe représentant la fonction φ.

d. Dans cette question, on suppose $0 < a < b$.
f est solution de l'équation différentielle $y' + y = 0$.

■ Exercice 11

On considère les intégrales $I=\int_0^{\frac{\pi}{2}} t\cos^2 t\,dt$ et $J=\int_0^{\frac{\pi}{2}} t\sin^2 t\,dt$.

a. Quel que soit le réel t, $\cos^2 t-\sin^2 t=\sin(2t)$.

b. $I-J=-\frac{1}{2}$.

c. $I+J=\pi$.

d. L'aire représentée par I est la même que celle représentée par J.

■ Exercice 12

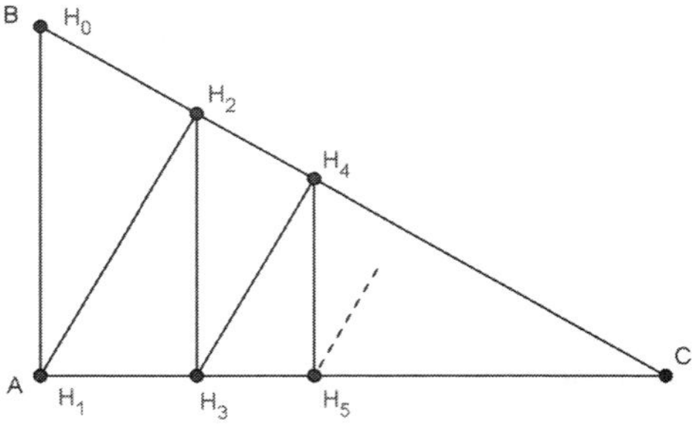

ABC est un triangle rectangle en A tel que $AB = 4$ et $BC = 8$.
On définit la suite des points (H_n) ainsi : $H_0 = B$ et H_{n+1} est le projeté orthogonal de H_n sur (AC) si n est pair et sur (BC) si n est impair.
On définit les suites (l_n) et (L_n) par : $l_n = H_nH_{n+1}$ et $L_n = l_0 + l_1 + ... + l_n$.

a. $l_1 = H_1H_2 = 2$.

b. Quel que soit $n \in \mathbb{N}$, le triangle $H_nH_{n+1}H_{n+2}$ est un demi-triangle équilatéral.

c. La suite (l_n) est géométrique.

d. Quand n tend vers $+\infty$, L_n tend vers un nombre fini inférieur à 30.

■ Exercice 13

Si f est une fonction indéfiniment dérivable sur $\mathbb{R}$, on définit les dérivées successives de f :

- $f^{(0)} = f$ (lire : la dérivée d'ordre 0 de f est égale à f) ;
- $f^{(1)} = f'$ (dérivée 1ère de f) ;
- $f^{(2)} = f''$ (dérivée seconde de f c'est-à-dire la dérivée de f') ;
- pour $n \in \mathbb{N}$, $f^{(n+1)} = \left(f^{(n)}\right)'$ (la dérivée $(n+1)$-ième de f est la dérivée de la dérivée n-ième).

On considère la fonction φ définie sur $\mathbb{R}$. par $\varphi(x) = xe^x$.

On considère la suite (u_n) définie pour $x \in \mathbb{R}$ par : $u_n(x) = \varphi^{(n)}(x)$ (dérivée n-ième de φ calculée en x). Pour $n \in \mathbb{N}$, on appelle C_n la courbe représentant la fonction u_n dans un repère du plan.

a. Quel que soit $n \in \mathbb{N}$ et quel que soit $x \in \mathbb{R}$, on a $u_n(x) = (x + n)e^x$.

b. Dans cette question, x est un réel fixé. La suite (u_n) est une suite arithmétique.

c. Dans cette question, n est un entier naturel fixé.
La fonction u_n est décroissante sur $]-\infty\,;-n]$ et croissante sur $[-n\,;+\infty[$.

d. Dans cette question, n est un entier naturel fixé. La courbe C_n est au-dessus de la courbe C_{n+1}.

■ Exercice 14

a. $\displaystyle\sum_{k=0}^{10} \binom{10}{k} \times 3^{2k}$ vaut 1 milliard.

b. Pour un département donné, on peut faire plus de plaques minéralogiques de véhicules composées de 4 chiffres et 2 lettres que de plaques composées de 3 chiffres et 3 lettres. (On supposera que tous les chiffres et toutes les lettres de l'alphabet sont utilisables).

c. Un dé est pipé de sorte que la probabilité d'apparition de chaque face est proportionnelle au numéro de cette face. La probabilité d'apparition du 3 est $\frac{1}{7}$.

d. Un parking dispose de 10 places libres. Il y a $\binom{10}{3}$ possibilités de ranger 3 voitures dans ce parking.

■ Exercice 15

Un dé cubique équilibré possède 4 faces noires et 2 faces blanches. Un deuxième dé équilibré ayant la forme d'un tétraèdre régulier possède 3 faces blanches et 1 face noire. On choisit un dé au hasard et on le lance.

a. La probabilité que la face cachée soit noire est 0,5.

b. La probabilité que le dé choisi soit cubique sachant que la face cachée est blanche est $\frac{4}{13}$.

Une variable aléatoire X (en minutes) suit une loi de répartition uniforme sur [10 ; 30].

c. L'espérance associée à X est 10 mn.

d. La probabilité d'avoir $X < 25$ sachant que l'on a $X > 15$ est $\frac{1}{2}$.

■ Exercice 16

L'espace est rapporté au repère orthonormal $(O\,;\vec{i}, \vec{j}, \vec{k})$.

a. L'ensemble des points $M(x, y, z)$ pour lesquels il existe $k \in [-1\,;1]$ vérifiant le système $\begin{cases} x = 2k+1 \\ y = -k+2 \\ z = 3k-1 \end{cases}$ est le segment $[AB]$, où on a $A(1, 2, -1)$ et $B(5, 0, 5)$.

b. Le plan d'équation $2x - 3y + z + 1 = 0$ possède le vecteur $\vec{n}(-2, 3, -1)$ pour vecteur normal.

c. La droite d'équation paramétrique $\begin{cases} x = 2k+1 \\ y = -k+2 \\ z = 3k-1 \end{cases}$, avec $k \in \mathbb{R}$, est perpendiculaire au plan d'équation $2x - y + 3z - 1 = 0$.

d. L'ensemble des points $M(x, y, z)$ vérifiant le système $\begin{cases} x = 3 \\ y = 2 \\ z \in \mathbb{R} \end{cases}$ est une droite.

Un peu de stratégie

Mêmes conseils que pour FESIC 2010 : n'oubliez pas que seuls 12 exercices sont corrigés et qu'une erreur coûte 1 point ce qui est très cher ! Alors, en cas de doute ne répondez pas... Quant au point de bonus pour un exercice entièrement fait, vous aurez vraiment une chance de l'obtenir avec les exercices sur la géométrie dans l'espace ou les probabilités...

Grille des réponses

1.a	**F**	3.a	**V**	5.a	**F**	7.a	**V**	9.a	**V**	11.a	**F**	13.a	**V**	15.a	**F**
1.b	**F**	3.b	**F**	5.b	**V**	7.b	**V**	9.b	**F**	11.b	**V**	13.b	**V**	15.b	**V**
1.c	**F**	3.c	**F**	5.c	**V**	7.c	**F**	9.c	**F**	11.c	**F**	13.c	**F**	15.c	**F**
1.d	**V**	3.d	**V**	5.d	**V**	7.d	**V**	9.d	**V**	11.d	**F**	13.d	**F**	15.d	**F**
2.a	**V**	4.a	**V**	6.a	**F**	8.a	**V**	10.a	**F**	12.a	**F**	14.a	**F**	16.a	**F**
2.b	**V**	4.b	**F**	6.b	**V**	8.b	**V**	10.b	**F**	12.b	**V**	14.b	**F**	16.b	**V**
2.c	**F**	4.c	**V**	6.c	**F**	8.c	**V**	10.c	**F**	12.c	**V**	14.c	**V**	16.c	**V**
2.d	**F**	4.d	**F**	6.d	**V**	8.d	**F**	10.d	**V**	12.d	**V**	14.d	**F**	16.d	**V**

Exercice 1

a. FAUX. Même si on utilisait les propriétés $\ln(ab) = \ln a + \ln b$ et $\ln\left(\frac{a}{b}\right) = \ln a - \ln b$, il y aurait un problème de définition car la fonction ln est définie sur $]0\,;+\infty[$, alors que $D = \left]-\infty\,;\frac{-2}{3}\right[\cup]0\,;+\infty[$ d'après le tableau de signes ci-dessous :

x	$-\infty$		$-\frac{2}{3}$		0		$+\infty$
$3x+2$		$-$	0	$+$		$+$	
$5x$		$-$		$-$	0	$+$	
$\frac{3x+2}{5x}$		$+$	0	$-$	‖	$+$	

b. FAUX.

$$f'(x) = \frac{1}{u} \times u' = \frac{5x}{3x+2} \times \frac{3\times 5x - 5(3x+2)}{(5x)^2} = \frac{-10\times 5x}{(5x)^2 \times (3x+2)} = \frac{-2}{x(3x+2)}.$$

On a utilisé la formule $\left(\dfrac{u}{v}\right)' = \dfrac{u'v - v'u}{v^2} \neq \dfrac{u'}{v'}$ *!*

c. FAUX. *D'* est l'ensemble des réels inclus dans *D* tels que l'expression de *f'* soit définie. Or $\mathbb{R} \setminus \left\{0 ; \dfrac{-2}{3}\right\}$ n'est pas inclus dans *D*.

d. VRAI. $f(x) = 0 \Leftrightarrow \dfrac{3x+2}{5x} = 1 \Leftrightarrow 3x + 2 = 5x \Leftrightarrow x = 1$ en utilisant les propriétés (bijectivité) du logarithme.

■ Exercice 2

a. VRAI. Si $f(x) = \left(a_n x^n + ... + a_1 x + a_0\right)e^{2x-1}$, alors on utilise $(uv)' = u'v + v'u$:

$$f(x) = \left(na_n x^{n-1} + ... + a_1\right)e^{2x-1} + \left(a_n x^n + ... + a_1 x + a_0\right) \times 2e^{2x-1}$$
$$= \left(2a_n x^n + \left(na_n + 2a_{n-1}\right) \times x^{n-1} + ...\right) \times e^{2x-1}.$$

On a $Q(x) = 2a_n x^n + \left(na_n + 2a_{n-1}\right) \times x^{n-1} + ...$ qui est bien de degré *n*.

b. VRAI. Il s'agit d'utiliser les croissances comparées : l'exponentielle l'emporte toujours sur les polynômes ; $\lim\limits_{x \to -\infty} x^n e^x = 0$.

c. FAUX. Résolvons : $e^{2x-1} \geq 3 \Leftrightarrow 2x - 1 \geq \ln 3 \Leftrightarrow x \geq \dfrac{1+\ln 3}{2}$. Il y a au moins la solution $\dfrac{1+\ln 3}{2}$.

d. FAUX. Si $F(x) = \left(ax^2 + bx + c\right)e^{2x-1}$, alors

$$F'(x) = ... = \left(ax^2 + \left(2a + 2b\right)x + b + 2c\right)e^{2x-1}.$$

Par identification, le système obtenu est $\begin{cases} 2a = 1 \\ 2a + 2b = 0 \\ b + 2c = 1 \end{cases}$.

Attention à bien dériver : $\left(e^{2x-1}\right)' = 2e^{2x-1}$.

■ Exercice 3

a. VRAI. En $-\infty$, $f(x) - (x+2) = \dfrac{x + 2\left(e^x + 1\right) - \left(e^x + 1\right)\left(x + 2\right)}{e^x + 1} = \dfrac{-xe^x}{e^x + 1}$.

Or $\lim\limits_{x \to -\infty} xe^x = 0$ et $\lim\limits_{x \to -\infty} e^x + 1 = 1$ donc par passage au quotient, $\lim\limits_{x \to -\infty} f(x) - (x+2) = 0$, ce qui permet de conclure.

Connaître les croissances comparées : ici, $\forall \alpha \in \mathbb{R}, \lim\limits_{x \to -\infty} x^\alpha e^x = 0$.

b. FAUX. g est dérivable sur $\mathbb{R}$ puisque produit et somme de fonctions dérivables et on a : $g'(x) = ... = -xe^x$ qui est du signe de $-x$. On a donc exactement le contraire.

c. FAUX. $f'(x) = \dfrac{1 \times (e^x + 1) - e^x \times x}{(e^x+1)^2} = ... = \dfrac{g(x)}{(e^x+1)^2}$. C'est encore exactement le contraire.

On a utilisé la formule $\left(\dfrac{u}{v}\right)' = \dfrac{u'v - v'u}{v^2} \neq \dfrac{uv' - u'v}{v^2}$ *!*

d. VRAI. On sait que $g(a) = 0$ et on veut savoir si $f(a) = a + 1$. Le mieux est d'essayer d'isoler e^a dans $g(a)$ pour ne calculer qu'avec des fractions :

$$g(a) = 0 \Leftrightarrow e^a(1-a) + 1 = 0 \Leftrightarrow e^a = \frac{1}{a-1}.$$

Puis $f(a) = \dfrac{a}{e^a + 1} + 2 = \dfrac{a}{\dfrac{1}{a-1} + 1} + 2 = \dfrac{a(a-1)}{1 + (a-1)} + 2$

$= \dfrac{a(a-1)}{a} + 2 = a - 1 + 2 = a + 1$.

Attention aux questions calculatoires ! Pensez à vous faciliter les calculs et n'allez pas trop vite !

■ Exercice 4

a. VRAI. (C) est obtenue à partir de (Γ) par la translation de vecteur $\overrightarrow{AB}(3 ; \ln 2)$: on a $f(x) = \ln(x - (-3)) + \ln 2 = \ln(x+3) + \ln 2 = \ln(2x+6)$. On pouvait aussi vérifier quelques points sur la figure…

Soit f une fonction et C_f *sa courbe représentative ; la courbe* C_g *de la fonction g définie par* $g(x) = f(x-a) + b$ *s'obtient à partir de* C_f *par la translation de vecteur* $\vec{u}(a ; b)$.

b. FAUX. Soit x_M et x_N les abscisses de ces deux points situés à la même ordonnée.
Alors $\ln m = f(n) \Leftrightarrow \ln m = \ln(2n+6) \Leftrightarrow m = 2n+6 \Leftrightarrow m-n = n+6$.
Donc la distance $m-n$ n'est pas constante.

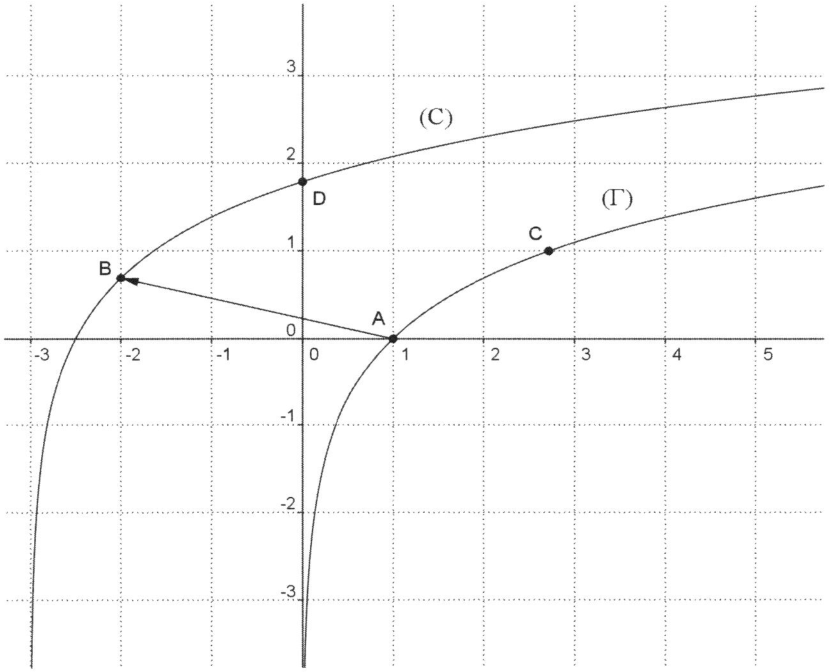

Dans ce genre de situation il est recommandé de faire un dessin ou un schéma ; ici il fallait utiliser et compléter le graphique donné dans l'énoncé. N'hésitez pas à le faire !

c. VRAI. Une droite et son image par une translation sont parallèles. Faites un dessin pour vous en convaincre.

d. FAUX. Deux droites sont parallèles si et seulement si elles ont le même coefficient directeur : $\dfrac{y_B - y_A}{x_B - x_A} = \dfrac{\ln 2}{-3}$ et $\dfrac{y_D - y_C}{x_D - x_C} = \dfrac{\ln 6 - 1}{0 - e}$ sont distincts même si c'est de peu (difficile à voir à la main, faire le produit en croix…).

■ Exercice 5

a. FAUX. Si $f(x) = \ln(\ln x) = \ln(u)$, alors $f'(x) = \dfrac{u'}{u} = \dfrac{1/x}{\ln x} = \dfrac{1}{x \ln x}$ et $f'(x_0) = \dfrac{1}{x_0 \ln x_0} \neq \dfrac{2\ln x_0}{x_0}$.

Attention à ne pas confondre la dérivée d'une fonction composée avec celle d'une fonction carré.

Avec $f(x)=\ln(\ln x)=\ln(u)$ *alors* $f'(x)=\dfrac{1}{x\ln x}$ *mais avec*

$g(x)=(\ln x)^2=u^2$ *on a* $g'(x)=2u'u=2\times\dfrac{1}{x}\times\ln x=\dfrac{2\ln x}{x}$.

b. VRAI. On fait un changement de variable en posant $X=e^x$: on a alors $X^2-3X-4\geq 0$ qui équivaut à $X\in\,]-\infty\,;-1]\cup[4\,;+\infty[$ (résolution de l'équation + tableau de signe du trinôme).
Or $X=e^x>0$ donc $X\in[4\,;+\infty[$ c'est-à-dire :

$$X\geq 4\Leftrightarrow e^x\geq 4\Leftrightarrow x\geq \ln 4\Leftrightarrow x\in[\ln 4\,;+\infty[\,.$$

c. VRAI. Étant donné la définition de la fonction *f*, on a $-x\leq f(x)\leq x$ pour tout *x*. En faisant tendre *x* vers 0, le théorème des gendarmes nous donne bien :

$$\lim_{x\to 0} f(x)=0=f(0).$$

d. VRAI. $\lim\limits_{t\to 0} g(t)=\lim\limits_{t\to 0} t\ln t=0=g(0)$ donc g est continue en 0. De plus $\lim\limits_{t\to 0}\dfrac{g(t)-g(0)}{t-0}=\lim\limits_{t\to 0}\ln t=-\infty$: g n'est pas dérivable en 0.
Cependant le fait que le taux de variation tende vers $-\infty$ indique qu'il y a une demi-tangente *verticale* à la courbe au point d'abscisse 0.

Intuitivement, si le coefficient directeur de la tangente est infini, alors la tangente est verticale. Cependant, la fonction n'est pas dérivable (« nombre dérivé » infini).

■ Exercice 6

a. FAUX. Mais attention, c'est le raisonnement qui est faux car le résultat, lui, est bien exact.

L'erreur réside dans le fait qu'on ne peut absolument pas diviser des inégalités membre à membre : par exemple, même si $1<10$ *et* $100<10000$, *peut-on dire que* $\dfrac{1}{100}<\dfrac{10}{10000}$ *c'est-à-dire* $0{,}01<0{,}001$ *?*

Concernant le résultat juste, il se démontre par récurrence en utilisant les variations de $f(x)=\dfrac{4x-2}{x+1}$ (exercice classique, voir le correction de l'exercice 12, FESIC 2010).

b. VRAI. Ce raisonnement est tout à fait exact. Une autre façon de faire est de calculer $f \circ g(x) = f(g(x)) = \ln\left(2\dfrac{e^x - 3}{2} + 3\right) = \ln(e^x) = x$ ainsi que

$$g \circ f(x) = g(f(x)) = \frac{e^{\ln(2x+3)} - 3}{2} = \frac{2x+3-3}{2} = x.$$

On dit alors que les fonctions *f* et *g* sont réciproques (comme x^2 et $\sqrt{x}$) ; leurs courbes sont bien symétriques par rapport à Δ.

c. FAUX. Le résultat est faux puisque $u_0 = 3$ et $u_1 = \dfrac{3^2+8}{6} = \dfrac{17}{6} < 3$; *u* n'est pas croissante. Ensuite le raisonnement est faux car la croissance de *f* ne donne que la monotonie de *u*.

d. VRAI. Ce raisonnement est tout à fait juste. On peut aussi utiliser le raisonnement par identification.

■ Exercice 7

> *N'hésitez pas à faire ne serait-ce qu'un croquis pour savoir quel rapport calculer en priorité !*
> *Petit conseil : cela ne change pas le raisonnement mais simplifie le dessin, vous pouvez diviser les affixes de tous les points par* $\sqrt{3}$.

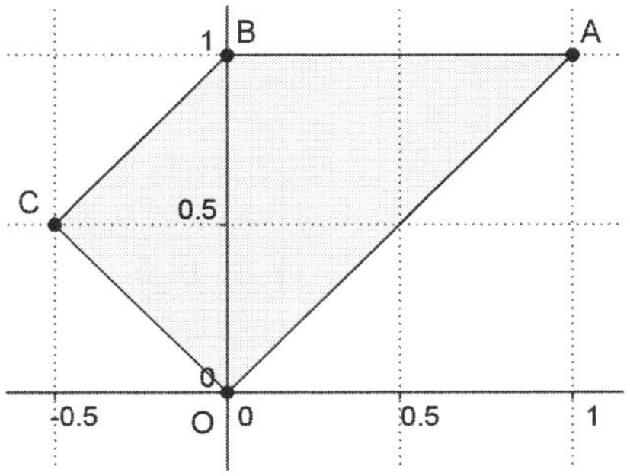

a. VRAI. $\dfrac{b-c}{a-0} = \ldots = \dfrac{1}{2}$.

Donc $\left(\overrightarrow{OA}\,;\overrightarrow{CB}\right) = \arg\left(\dfrac{1}{2}\right) = 0[2\pi]$, les côtés $[OA]$ et $[CB]$ sont parallèles.

b. VRAI. $\dfrac{c-b}{c-0} = \ldots = i$.

Donc $\left(\overrightarrow{CO}\,;\overrightarrow{CB}\right) = \arg(i) = \dfrac{\pi}{2}[2\pi]$, les droites (OC) et (BC) sont bien perpendiculaires.

c. FAUX. *G* a pour affixe le nombre complexe : $\dfrac{2a-b+3c}{2-1+3} = \dfrac{2a-b+3c}{4}$.

d. VRAI. $CB = CO$, on le vérifie facilement avec le dessin. L'égalité $|c-b| = |c-0|$ se déduit du calcul du module de $\dfrac{c-b}{c-0} = i$ fait en b.

■ Exercice 8

a. VRAI. Si $[E]$ possédait cinq solutions z_1, z_2, z_3, z_4 et z_5 alors $[E]$ équivaudrait à $(z-z_1)(z-z_2)(z-z_3)(z-z_4)(z-z_5)=0$ qui donnerait une équation de degré cinq si on développait le produit.

b. VRAI. Si z_0 solution de $[E]$, alors $z_0^4+2z_0^2+4=0$; remplaçons z_0 par $-\overline{z_0}$ par exemple :

$$\left(-\overline{z_0}\right)^4+2\left(-\overline{z_0}\right)^2+4=\overline{z_0}^4+2\overline{z_0}^2+4=\overline{z_0^4+2z_0^2+4}=\overline{0}=0.$$

Ceci prouve que $-\overline{z_0}$ est aussi solution de $[E]$; on vérifie de même pour $-z_0$ et $\overline{z_0}$.

c. VRAI. D'après les deux questions qui précèdent il y a au plus quatre solutions qui sont z_0, $-z_0$, $\overline{z_0}$, $-\overline{z_0}$ et qui ont effectivement le même module.

d. FAUX. Certainement pas, il faudrait pour cela qu'elles soient réelles (vu qu'elles sont conjuguées deux à deux). Or cette équation n'a aucune solution réelle car le discriminant de $Z^2+2Z+4=0$ vaut $-12<0$ (inutile de chercher les solutions).

Dans cet exercice on pouvait avoir facilement le bonus...

■ Exercice 9

a. VRAI. $a=1-i\sqrt{3}=2\left(\frac{1}{2}-i\frac{\sqrt{3}}{2}\right)=2e^{i\frac{-\pi}{3}}$.

b. FAUX.

$b-a=i(0-a)\Rightarrow b=a(1-i)=2e^{-i\frac{\pi}{3}}\times\sqrt{2}e^{-i\frac{\pi}{4}}=2\sqrt{2}e^{-i\frac{7\pi}{12}}=2\sqrt{2}e^{i\frac{5\pi}{12}}$: la partie réelle de b est négative, l'abscisse de B est donc négative.

Rappelons l'écriture complexe d'une rotation de centre d'affixe ω et d'angle θ : $z'-\omega=e^{i\theta}(z-\omega)$.

c. FAUX. L'image de O par t est le point A, puis l'image de A par r est le point A. Donc $r\circ t(O)=A$.

d. VRAI. $c'-0=e^{i\frac{\pi}{6}}(c-0)$. Donc, d'une part $c'=e^{i\frac{\pi}{6}}c=\left(\frac{\sqrt{3}}{2}+\frac{i}{2}\right)c$, et d'autre part $\frac{1}{2}ia=...=\frac{\sqrt{3}}{2}+\frac{i}{2}$.

■ Exercice 10

a. FAUX. Si $a=1$, f est définie lorsque $\varphi : t \to \frac{e^t}{t}$ est définie et continue sur $[1\,;b]$ si $b>1$ et sur $[b\,;1]$ sinon ; b doit donc être strictement positif.

b. FAUX. Il s'agit exactement de la même raison.

c. FAUX. Ce serait vrai si les bornes étaient dans l'ordre croissant ($1<2$). Or ce n'est pas le cas ici, il s'agit donc de l'opposé de cette aire.

d. VRAI. En fait $f(x)=e^{-x}\int_a^b \frac{e^t}{t}dt = K\times e^{-x}$ où K est une constante, d'où $f'(x)=-Ke^{-x}$. Par conséquent on a bien f solution de l'équation différentielle

$$y'+y=0.$$

■ Exercice 11

a. FAUX. En particulier pour $t=0$.

> *Bien sûr, il faut connaître les principales formules de trigonométrie, entre autres :* $\sin 2x = 2\sin x\cos x$, $\cos 2x=\cos^2 x-\sin^2 x$ *; voir également le formulaire.*

b. VRAI. On fait une intégration par parties :

$$I-J=\int_0^{\frac{\pi}{2}} t\cos(2t)dt=\left[t\frac{\sin 2t}{2}\right]_0^{\frac{\pi}{2}}-\int_0^{\frac{\pi}{2}}\frac{\sin 2t}{2}dt$$

$$=0-\left[-\frac{\cos 2t}{4}\right]_0^{\frac{\pi}{2}}=-\frac{1}{4}-\frac{1}{4}=-\frac{1}{2}.$$

c. FAUX. $I+J=\int_0^{\frac{\pi}{2}} tdt=\left[\frac{t^2}{2}\right]_0^{\frac{\pi}{2}}=\frac{\pi^2}{8}$.

d. FAUX. On résout $\begin{cases} I - J = -\dfrac{1}{2} \\ I + J = \dfrac{\pi^2}{8} \end{cases} \Leftrightarrow \begin{cases} I = \dfrac{\pi^2 - 4}{16} \\ J = \dfrac{\pi^2 + 4}{16} \end{cases}$ donc $I \neq J$.

■ Exercice 12

a. FAUX. $AB = 4$ et $BC = 8$, les triangles $H_0H_1H_2$ et ABC sont semblables (un angle droit et un autre angle commun), soit :

$$\frac{BC}{AB} = \frac{AB}{H_0H_2} \Rightarrow H_0H_2 = \frac{16}{8} = 2 \Rightarrow H_1H_2 = \sqrt{AB^2 - 2^2} = \sqrt{12} = 2\sqrt{3}.$$

b. VRAI. Tous les triangles $H_nH_{n+1}H_{n+2}$ sont semblables à $H_0H_1H_2$:

$$\cos\widehat{H_2H_0H_1} = \frac{H_0H_2}{AB} = \frac{2}{4} = \frac{1}{2} \Rightarrow \widehat{H_2H_0H_1} = \frac{\pi}{3}.$$

c. VRAI. À chaque triangle on passe du côté d'un demi-triangle équilatéral à sa hauteur, on multiplie donc par $\dfrac{\sqrt{3}}{2}$.

d. VRAI. $L_n = l_0 + l_1 + \ldots + l_n = l_0 + \dfrac{\sqrt{3}}{2} l_0 + \left(\dfrac{\sqrt{3}}{2}\right)^2 + \ldots + \left(\dfrac{\sqrt{3}}{2}\right)^n$

$$= l_0 \frac{1 - \left(\sqrt{3}/2\right)^{n+1}}{1 - \sqrt{3}/2} \xrightarrow[n \to +\infty]{} 4 \frac{1}{1 - \sqrt{3}/2} \approx 27 < 30.$$

Les termes de la forme q^n tendent vers 0 lorsque $-1 < q < 1$.

■ Exercice 13

a. VRAI. Il suffit de raisonner par récurrence sur $n \in \mathbb{N}^*$.

b. VRAI. On note $x = x_0$ le réel fixé ; on a alors

$$u_{n+1}(x_0) - u_n(x_0) = (x_0 + n + 1)e^{x_0} - (x_0 + n)e^{x_0} = e^{x_0}$$

qui est un réel.

c. FAUX. $u_n'(x) = u_{n+1}(x) = (x + n + 1)e^x$ qui est du signe de $(x + n + 1)$. Un tableau de signe de la dérivée indique que la fonction u_n est décroissante sur $]-\infty\,; -n-1]$ et croissante sur $[-n-1\,; +\infty[$.

d. FAUX. $x+n<x+n+1 \Leftrightarrow (x+n)e^x<(x+n+1)e^x \Leftrightarrow u_n(x)<u_{n+1}(x)$ pour tout x. On en déduit exactement le contraire : la courbe C_n est en dessous de la courbe C_{n+1}.

Exercice 14

a. FAUX. Il s'agit du développement d'un binôme... :
$\sum_{k=0}^{10}\binom{10}{k}3^{2k}=\sum_{k=0}^{10}\binom{10}{k}9^k\times 1^{10-k}=(9+1)^{10}=10\,000\,000\,000$, soit 10 milliards.

b. FAUX. Il y a 10^4 manières de fabriquer un nombre de 4 chiffres, et 26^2 manières de faire un mot de 2 lettres : on a donc $10^4\times 26^2=10^3\times 10\times 26^2$ possibilités, alors que choisir 3 chiffres et 3 lettres donne $10^3\times 26^3=10^3\times 26\times 26^2$ possibilités.

c. VRAI. Si la probabilité d'apparition de chaque face est proportionnelle au numéro de cette face alors $p_1 = k$, $p_2 = 2k$, $p_3 = 3k$, …, $p_6 = 6k$.
Comme la somme des probabilités de tous les évènements élémentaires est égale à 1, alors $p_1+p_2+p_3+p_4+p_5+p_6=21k=1$, soit $k=\frac{1}{21}$ et $p_4=\frac{4}{21}$.

d. FAUX. La première voiture a le choix entre 10 places, la deuxième entre 9, la troisième entre 8 ; il y a 720 dispositions possibles. Si on peut échanger les places entre les voitures, il faut diviser par 3 ! = 6, soit 120 possibilités pour se garer. On répondra donc FAUX mais un doute peut subsister (la notion de rangement utilisée dans l'énoncé n'est pas claire).

Exercice 15

a. FAUX. Avec le premier dé la probabilité qu'une face noire soit cachée est 4/6, avec le deuxième 1/4 ; comme la probabilité de choisir un des deux dés est 1/2, la probabilité est $\frac{1}{2}\times\frac{4}{6}+\frac{1}{2}\times\frac{1}{4}=\frac{11}{24}$.

b. VRAI. La probabilité que la face cachée soit blanche est $1-\frac{11}{24}=\frac{13}{24}$; probabilité que la face cachée soit blanche et le dé cubique est $\frac{1}{2}\times\frac{2}{6}=\frac{2}{12}$; probabilité que le dé soit cubique sachant que la face cachée est blanche :

$$\frac{2/12}{13/24}=\frac{2}{12}\times\frac{24}{13}=\frac{4}{13}.$$

c. FAUX. La densité de probabilité est $f(t)=\frac{1}{30-10}=\frac{1}{20}$;

$$E(X)=\int_{10}^{30} tf(t)\,dt=\left[\frac{1}{40}t^2\right]_{10}^{30}=20\ ;$$

en fait c'est le milieu de l'intervalle (résultat de cours).

d. FAUX. Probabilité d'avoir $X<25$ sachant que $X>15$:

$$P_{X>15}(X<25)=\frac{P(X>15\cap X<25)}{P(X>15)}=\frac{\int_{15}^{25} f(t)\,dt}{\int_{15}^{30} f(t)\,dt}=\frac{\frac{10}{20}}{\frac{15}{20}}=\frac{10}{15}=\frac{2}{3}.$$

■ Exercice 16

a. FAUX. Pour $k=-1$ on a le point $(-1\,;3\,;-4)$ et pour $k=1$ le point $(3\,;1\,;2)$. Vrai si $k\in[0\,;2]$.

b. VRAI. Si $\vec{n}(-2\,;3\,;-1)$ est normal au plan, alors $\overrightarrow{n'}=-\vec{n}(2\,;-3\,;1)$ l'est aussi.

c. VRAI. Un vecteur directeur de $\begin{cases} x=2k+1 \\ y=-k+2 \\ z=3k-1 \end{cases}$ est $(2\,;-1\,;3)$ qui est normal au plan.

d. VRAI. Tous les points s'écrivent $\begin{cases} x=3+0t \\ y=2+0t \\ z=t \end{cases}$ avec t réel quelconque.

Durée 1 h 30 ; calculatrice autorisée, téléphone interdit... Les réponses sont données dans des cadres préimprimés.

Exercice 1

Le plan complexe est rapporté au repère $(O\,;\vec{u},\vec{v})$ orthomormé direct. A est le point d'affixe $z_A = 1+3i$, B le point d'affixe $z_B = 2$.

1. Dessiner le triangle OAB.

2. Expliquer pourquoi le triangle OAB est isocèle en A.

3. On considère le point C symétrique du point O par rapport au point A et le point D symétrique du point B par rapport au point O.
Placer les points C et D sur la figure du 1. a. Déterminer les affixes z_C et z_D des points C et D.

4. On considère le point E, image du point A par l'homothétie de centre O et de rapport $\frac{1}{3}$. Placer le point E sur la figure du 1. Déterminer l'affixe z_E du point E.

5. On désigne par F le barycentre des points pondérés $(A\,;2)$, $(B\,;-3)$ et $(D\,;2)$. Déterminer l'affixe z_F du point F. Placer le point F sur la figure du 1.

6. Justifier que les points B, E et F sont alignés.

7. On note Z le complexe défini par : $Z = \dfrac{z_F - z_C}{z_B - z_C}$.

a. Déterminer le réel a tel que $Z = ai$. On détaillera les calculs.

b. Déterminer le module $|Z|$ et un argument $\arg(Z)$ de Z.

c. En déduire la nature du triangle CBF. On justifiera la réponse.

Exercice 2

On considère la fonction f définie, pour tout réel x de $]1\,;+\infty[$, par :

$$f(x) = \frac{x}{\sqrt{x^2-1}}.$$

Soit C la courbe représentant f dans un repère $(O\,;\vec{i},\vec{j})$ orthonormé (1 cm d'unité).

1. a. Déterminer $\lim\limits_{x\to 1^+} f(x)$ et $\lim\limits_{x\to+\infty} f(x)$.

b. En déduire que C admet deux asymptotes D_1 et D_2 dont on donnera les équations.

2. a. Soit g la fonction définie, pour tout réel x de $]1\,;+\infty[$, par :

$$g(x) = \sqrt{x^2-1}.$$

Justifier que sa dérivée g' vérifie, pour tout réel x de $]1\,;+\infty[$: $g'(x)=f(x)$.

b. f' désigne la dérivée de f. Justifier que, pour tout réel x de $]1\,;+\infty[$, on a :

$$f'(x)=\frac{-1}{(x^2-1)\sqrt{x^2-1}}.$$

c. Dresser le tableau des variations de f.

d. Compléter le tableau suivant, en donnant des valeurs approchées à 0, 01 près des images $f(x)$.

x	1,1	1,25	1,5	1,75	2	4
$f(x)$						

e. Tracer la courbe C, D_1 et D_2 dans le repère $(O\,;\vec{i},\vec{j})$.

3. Soient deux réels a et b tels que $1 < a < b$.

On définit l'intégrale : $J(a,b)=\int_a^b [f(x)-1]dx$.

a. En utilisant la question 2. a., justifier que l'on a :

$$J(a,b)=\sqrt{b^2-1}-\sqrt{a^2-1}-b+a.$$

b. Déterminer, en fonction de b, la limite : $I(b)=\lim\limits_{a\to 1^+} J(a,b)$.

4. a. On admet que, pour tout réel $b > 1$, on a : $\sqrt{b^2-1}-b=\dfrac{-1}{\sqrt{b^2-1}+1}$.

Déterminer la limite $K=\lim\limits_{b\to+\infty} I(b)$.

b. Donner une interprétation géométrique de ce que représente K.

■ Exercice 3

Un certain concours d'entrée dans une école d'ingénieurs consiste en plusieurs épreuves :

– Après examen de leur dossier scolaire, 15 % des candidats (les meilleurs) sont admis directement sans passer d'autres épreuves.

– Les autres candidats, non admis sur dossier, passent une épreuve écrite. On estime que 60 % des candidats réussissent cette épreuve écrite et les autres sont recalés.

– Les candidats ayant réussi l'épreuve écrite sont alors convoqués pour passer une épreuve orale. Les candidats réussissant l'épreuve orale sont alors admis. On estime que les candidats ont une chance sur trois de réussir l'épreuve orale.

On considère les événements suivants :

D : « Le candidat est admis sur dossier »

E : « Le candidat passe et réussit l'épreuve écrite »

O : « Le candidat passe et réussit l'épreuve orale »

A : « Le candidat est admis »

On note $\overline{E}$ l'événement contraire de E.
On note $P(D)$ la probabilité de l'événement D et $P_E(O)$ la probabilité de l'événement O sachant que l'événement E est réalisé.

1. Faire un arbre pondéré décrivant les diverses étapes de la sélection.

2. a. Calculer les probabilités suivantes : $P(D)$, $P_{\overline{D}}(E)$, $P_E(O)$.

b. Déterminer la probabilité $P(E)$ qu'un candidat passe et réussisse l'épreuve écrite et la probabilité $P(O)$ qu'un candidat passe et réussisse l'épreuve orale.

c. On note p la probabilité $P(A)$ qu'un candidat soit admis dans cette école d'ingénieurs. Justifier que p vaut 0,32.

3. Cinq amis décident de passer ce concours (les résultats obtenus par chaque candidat sont indépendants les uns des autres).

a. Exprimer, en fonction de p, la probabilité P_1 que les cinq soient admis. Puis donner une valeur approchée de P_1 à 10^{-4} près.

b. Exprimer, en fonction de p, la probabilité P_2 qu'au moins un des cinq soit recalé. Puis donner une valeur approchée de P_2 à 10^{-4} près.

c. Exprimer, en fonction de p, la probabilité P_3 qu'au moins un des cinq soit admis. Puis donner une valeur approchée de P_3 à 10^{-4} près.

d. Exprimer, en fonction de p, la probabilité P_4 que trois exactement soient admis. Puis donner une valeur approchée de P_4 à 10^{-4} près.

4. Par hasard, je rencontre un candidat qui me dit avoir été admis dans cette école d'ingénieurs. Quelle est la probabilité $P_A(D)$ qu'il ait été admis sur dossier ?

■ Exercice 4

Soit la suite définie, pour tout entier n de $\mathbb{N}$, par $u_n = e^{-n}$.

1. a. Justifier que la suite $(u_n)_{n\in\mathbb{N}}$ est décroissante.

b. Montrer que, pour tout entier n de $\mathbb{N}$, on a : $0 < u_n \leq 1$.

2. Étudier le signe de la fonction h définie, pour tout réel t de $]0\,;+\infty[$, par :

$$h(t) = 1 - \ln t.$$

3. Soit la fonction g définie, pour tout réel t de $]0\,;+\infty[$, par : $g(t) = t(2 - \ln t)$.

a. Déterminer $g'(t)$ où g' est la dérivée de g. On détaillera le calcul.

b. En déduire la primitive H de la fonction h qui s'annule en e^2. On justifiera la réponse.

4. On considère maintenant la suite $(v_n)_{n\in\mathbb{N}}$ définie, pour tout entier n de $\mathbb{N}$, par : $v_n = \int_{e^{-(n+1)}}^{e^{-n}} (1 - \ln t)\,dt$.

a. Justifier que, pour tout entier n de $\mathbb{N}$, on a : $v_n \geq 0$.

b. À l'aide de la question 3. b., calculer v_n en fonction de n. On détaillera le calcul.

c. Déterminer alors $\lim\limits_{n \to +\infty} v_n$.

5. Pour tout entier n de $\mathbb{N}$, on pose : $S_n = v_0 + v_1 + ... + v_n$.

a. Exprimer S_n en fonction de n.

b. Déterminer alors $\lim\limits_{n \to +\infty} S_n$.

Un peu de stratégie

1h30, c'est très court, c'est même la course contre la montre. Lisez rapidement le sujet et focalisez-vous sur ce que vous préférez...Il n'y a pas de barême mais souvent les Probabilités sont moins bien payées que l'Analyse... Et si vous bloquez, n'hésitez pas à passer à la suite !

Exercice 1

1. Voici le dessin ci-dessous :

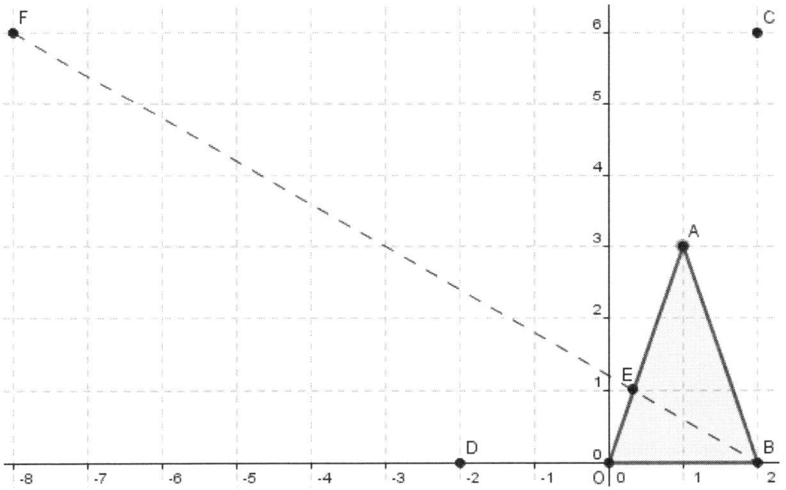

2. OAB est isocèle en A. En effet $OA=|z_A-z_O|=|z_A|=\sqrt{1^2+3^2}=\sqrt{10}$ et de même $BA=|z_A-z_B|=\sqrt{(-1)^2+3^2}=\sqrt{10}$.

3. Puisque C est le symétrique du point O par rapport à A, alors A est le milieu de $[OC]$. Ainsi $z_A=\dfrac{\overbrace{z_O}^{=0}+z_C}{2}\Rightarrow z_C=2z_A=2(1+3i)=2+6i$; de même comme D est le symétrique du point B par rapport à O, alors O est le milieu de $[DB]$. On a donc $\overbrace{z_O}^{=0}=\dfrac{z_D+z_B}{2}\Rightarrow z_D=-z_B=-2$.

4. $z_E-\overbrace{z_O}^{=0}=\dfrac{1}{3}\left(z_A-\overbrace{z_O}^{=0}\right)\Rightarrow z_E=\dfrac{1}{3}(1+3i)=\dfrac{1}{3}+i$.

5. Pour le point *F* qui est un barycentre :

$$z_F = \frac{2z_A - 3z_B + 2z_D}{\underbrace{2-3+2}_{=1}} = 2(1+3i) - 3\times 2 + 2\times(-2) = 2 + 6i - 6 - 4 = -8 + 6i.$$

6. On cherche à montrer que *B*, *E* et *F* sont alignés donc que $\left(\overrightarrow{BE}\,;\overrightarrow{BF}\right) = 0[\pi]$, c'est-à-dire que l'argument de $\frac{z_F - z_B}{z_E - z_B}$ est nul modulo π. On va donc montrer que $\frac{z_F - z_B}{z_E - z_B}$ est réel.

Calculons ce nombre : $\frac{z_F - z_B}{z_E - z_B} = \frac{-8+6i-2}{\frac{1}{3}+i-2} = \frac{-10+6i}{-\frac{5}{3}+i} = \frac{6\left(-\frac{5}{3}+i\right)}{-\frac{5}{3}+i} = 6$ qui est réel ; *B*, *E* et *F* sont bien alignés.

7. On note $Z = \frac{z_F - z_C}{z_B - z_C}$.

a. $Z = \frac{z_F - z_C}{z_B - z_C} = \frac{-8+6i-(2+6i)}{2-(2+6i)} = \frac{-8+\cancel{6i}-2-\cancel{6i}}{\cancel{2}-\cancel{2}-6i} = \frac{\cancel{-}10}{\cancel{-}6i} = \frac{10i}{6i^2} = \frac{10i}{-6} = \underbrace{-\frac{5}{3}}_{=a}i$;

on a $a = -\frac{5}{3}$.

b. On en déduit que $|Z| = \left|-\frac{5}{3}i\right| = \frac{5}{3}$ et que $\arg(Z) = \arg\left(-\frac{5}{3}i\right) = -\frac{\pi}{2}$.

c. Le triangle *CBF* est donc rectangle en *C* car $\arg(Z) = \left(\overrightarrow{CB}\,;\overrightarrow{CF}\right) = -\frac{\pi}{2}$, ce qui se vérifie sur la figure.

■ Exercice 2

Pour tout réel *x* de $]1\,;+\infty[$, $f(x) = \frac{x}{\sqrt{x^2-1}}$.

1. a. Pour la limite en 1 : au numérateur, $\lim_{x\to 1^+} x = 1$ et au dénominateur, $\lim_{x\to 1^+} \sqrt{x^2-1} = 0^+$; par passage au quotient on obtient $\lim_{x\to 1^+} f(x) = +\infty$.

Pour la limite en l'infini : pour $x \neq 0$, $f(x) = \frac{x}{x\sqrt{1-\frac{1}{x^2}}} = \frac{1}{\sqrt{1-\frac{1}{x^2}}}$.

Au numérateur, $\lim_{x \to +\infty} 1 = 1$ et au dénominateur, $\lim_{x \to +\infty} \sqrt{1 - \frac{1}{x^2}} = \sqrt{1-0} = 1$.

Conclusion : $\lim_{x \to +\infty} f(x) = 1$.

Remarquez que sans passer par l'écriture précédente, on pouvait se dire que $x^2 - 1$ est comme x^2 à l'infini, f est alors comme $\frac{x}{\sqrt{x^2}} = \frac{x}{|x|} = 1$ en $+\infty$ (et donne -1 en $-\infty$).

b. On en déduit respectivement que C admet deux asymptotes : une asymptote verticale $D_1 : x = 1$, et une asymptote horizontale $D_2 : y = 1$.

2. a. On pose $g(x) = \sqrt{x^2 - 1} = \sqrt{u}$. Alors sa dérivée est :

$$g'(x) = \frac{u'}{2\sqrt{u}} = \frac{2x}{2\sqrt{x^2-1}} = \frac{x}{\sqrt{x^2-1}} = f(x).$$

b. $f(x) = \frac{x}{\sqrt{x^2-1}} = \frac{x}{g(x)}$. Sa dérivée est :

$$f'(x) = \frac{x' \times g - g' \times x}{g^2} = \frac{1 \times \sqrt{x^2-1} - \frac{x}{\sqrt{x^2-1}} \times x}{\sqrt{x^2-1}^{\,2}} = \frac{\frac{\sqrt{x^2-1}^{\,2}}{\sqrt{x^2-1}} - \frac{x^2}{\sqrt{x^2-1}}}{\left(x^2-1\right)}$$

$$= \frac{x^2 - 1 - x^2}{\left(x^2-1\right)\sqrt{x^2-1}} = \frac{-1}{\left(x^2-1\right)\sqrt{x^2-1}} < 0.$$

c. Sur $]1\,;+\infty[$, $x^2 - 1 > 0$, ainsi pour tout $x \in]1\,;+\infty[$, $f'(x) < 0$. On en déduit que f est strictement décroissante sur $]1\,;+\infty[$.

x	1	$+\infty$
f	$+\infty$ ↘	1

d. On obtient le tableau suivant à l'aide de la calculatrice. Les valeurs sont approchées à 0,01 près :

x	1,1	1,25	1,5	1,75	2	4
$f(x)$	2,40	1,67	1,34	1,22	1,15	1,03

e. On obtient la courbe ci-dessous :

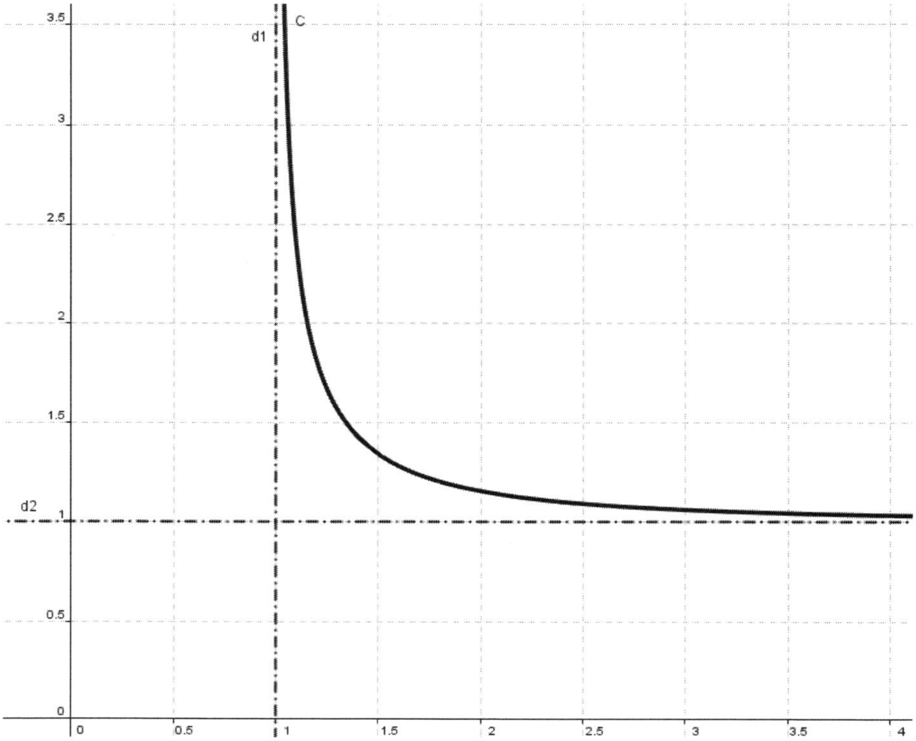

3. a. $J(a\,;b)=\int_a^b\left[f(x)-1\right]dx$ pour $1<a<b$.

D'après 2. a., *f* est la dérivée de *g*, alors *g* est une primitive de *f*, donc

$$J(a\,;b)=\int_a^b\left[f(x)-1\right]dx=\left[g(x)-x\right]_a^b=\left[g(b)-b\right]-\left[g(a)-a\right]\text{, soit}$$

$$J(a\,;b)=\sqrt{b^2-1}-\sqrt{a^2-1}-b+a\,.$$

b. $\lim\limits_{a\to 1^+}J(a\,;b)=\lim\limits_{a\to 1^+}\left[\sqrt{b^2-1}-\sqrt{a^2-1}-b+a\right]=\sqrt{b^2-1}-\sqrt{1^2-1}-b+1$,

$\lim\limits_{a\to 1^+}J(a\,;b)=\sqrt{b^2-1}-b+1$, donc $I(b)=\sqrt{b^2-1}-b+1$.

4. a. On peut démontrer la formule proposée en faisant le produit en croix ou en multipliant en haut et en bas par $\sqrt{b^2-1}+b$, la quantité *conjuguée* de $\sqrt{b^2-1}-b$:

$$\sqrt{b^2-1}-b=\frac{\left(\sqrt{b^2-1}-b\right)\left(\sqrt{b^2-1}+b\right)}{\left(\sqrt{b^2-1}+b\right)}=\frac{\sqrt{b^2-1}^{\,2}-b^2}{\sqrt{b^2-1}+b}=\frac{b^2-1^2-b^2}{\sqrt{b^2-1}+b}$$

$$=\frac{-1}{\sqrt{b^2-1}+b}\,.$$

Le dénominateur tend vers $+\infty$ d'où $\lim\limits_{b\to+\infty}\dfrac{-1}{\sqrt{b^2-1}+b}=0$ et on a finalement

$K=\lim\limits_{b\to+\infty} I(b)=\lim\limits_{b\to+\infty}\dfrac{-1}{\sqrt{b^2-1}+b}+1=0+1=1$.

b. K représente l'aire du domaine compris entre la courbe C de f et ses asymptotes D_1 et D_2.

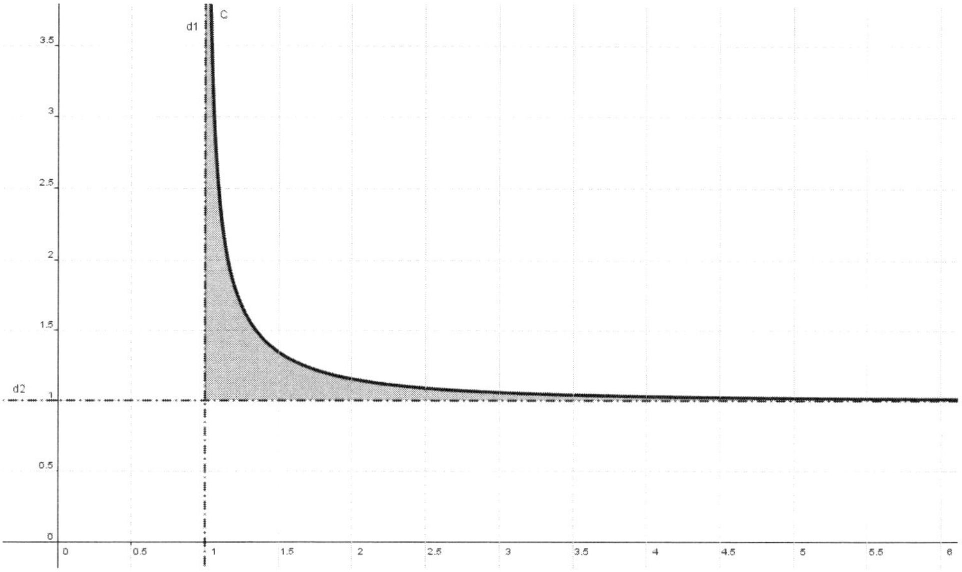

■ Exercice 3

1. Résumons la situation par un arbre pondéré :

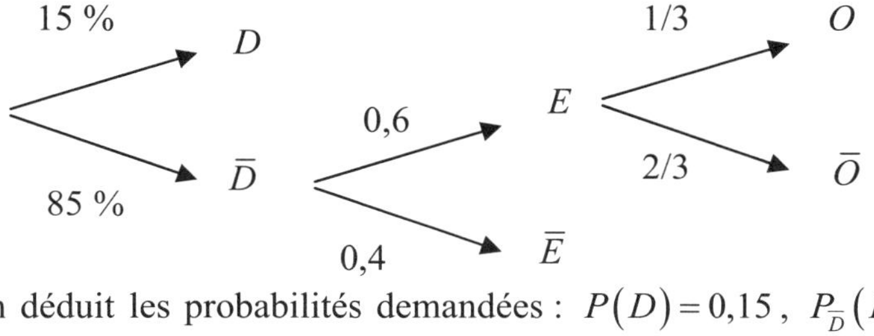

2. a. On en déduit les probabilités demandées : $P(D)=0{,}15$, $P_{\overline{D}}(E)=0{,}6$ et $P_E(O)=\dfrac{1}{3}$.

b. Si le candidat passe et réussit l'écrit c'est qu'il n'a pas été pris sur dossier donc $P(E)=P(\overline{D})\times P_{\overline{D}}(E)=0{,}85\times0{,}6=0{,}51$.

En conséquence, s'il réussit ensuite l'oral :

$$P(O)=P(\overline{D})\times P_{\overline{D}}(E)\times P_E(O)=0{,}85\times0{,}6\times\frac{1}{3}=0{,}17.$$

c. Pour être admis, soit le candidat a été reçu sur dossier, soit il a passé son oral avec succès ; on a donc : $p = P(A) = P(D) + P(O) = 0{,}15 + 0{,}17 = 0{,}32$.

3. Les résultats des cinq candidats sont indépendants, donc on répète cinq fois la même expérience de manière indépendante où la probabilité du succès est $p = 0{,}32$.
La variable aléatoire X, égale au nombre de reçus suit donc une loi binomiale de paramètres $n = 5$ et $p = 0{,}32$.
a. La probabilité que les cinq amis soient reçus est :

$$P_1 = P(X = 5) = p^5 \simeq 0{,}0034.$$

b. Il s'agit de l'évènement contraire du précédent, donc :

$$P_2 = P(X < 5) = 1 - P_1 = 1 - p^5 \simeq 0{,}9966.$$

c. $P_3 = P(X \geq 1) = 1 - P(X = 0) = 1 - (1-p)^5 \simeq 0{,}8546$.

d. $P_4 = P(X = 3) = \binom{5}{3} p^3 (1-p)^2 = \dfrac{5!}{3!2!} \times 0{,}32^3 \times 0{,}68^2 \simeq 0{,}4624$.

4. $P_A(D) = \dfrac{P(D \cap A)}{P(A)} = \dfrac{0{,}15}{0{,}32} = \dfrac{15}{32} \simeq 0{,}4688$.

Formule des probabilités conditionnelles :

$$P_B(A) = \frac{P(A \cap B)}{P(B)}.$$

Et on rappelle la définition de la loi binomiale :
si on réalise n fois la même expérience de manière indépendante à deux issues (le succès, de probabilité p, et l'échec de probabilité q = 1 – p), alors, si X est la variable aléatoire qui compte le nombre de succès sur ces n tentatives, X suit une loi binomiale de paramètres n et p : $P(X = k) = \binom{n}{k} p^k (1-p)^{n-k}$.

■ Exercice 4

Pour tout entier n de $\mathbb{N}$, $u_n = e^{-n}$.

1. a. (u_n) est strictement décroissante puisque

$$u_{n+1} - u_n = e^{-(n+1)} - e^{-n} = e^{-n-1} - e^{-n} = \underbrace{e^{-n}}_{>0}\underbrace{\left(e^{-1} - 1\right)}_{<0} < 0.$$

b. Par définition u_n est une exponentielle donc pour tout entier n de $\mathbb{N}$, $u_n = e^{-n} > 0$. Ensuite, pour tout entier $n \geq 0$, on a $-n \leq 0$ et par croissance de la fonction exponentielle : $u_n = e^{-n} \leq e^0 = 1$.

En conclusion, pour tout entier n de $\mathbb{N}$, $0 < u_n \leq 1$.

On aurait aussi pu démontrer ce résultat en raisonnant par récurrence.

2. La fonction h est définie sur $]0\,;+\infty[$ par $h(t)=1-\ln t$; h est dérivable et on a : $h'(t)=-\dfrac{1}{t}<0$. h est donc strictement décroissante sur $]0\,;+\infty[$.

Résolvons l'équation $h(t)=0$: $h(t)=0 \Leftrightarrow \ln t = 1 \Leftrightarrow t=e$, h s'annule en e.

Conclusion : étant donné le sens de variation de h, $h(t)>0$ sur $]0\,;e[$, $h(t)=0$ pour $t=e$ et $h(t)<0$ sur $]e\,;+\infty[$.

3. a. $g(t)=t(2-\ln t)=u\times v$ est un produit ; g est dérivable et on a :

$$g'(t)=u'v+v'u=1\times(2-\ln t)+t\left(-\frac{1}{t}\right)=2-\ln t-1=1-\ln t=h(t).$$

b. On sait que deux primitives d'une fonction diffèrent d'une constante donc $H=g+k$ où k est une constante réelle.

Par ailleurs $H\left(e^2\right)=g\left(e^2\right)+k=\underbrace{e^2\left(2-\underbrace{\ln e^2}_{=2}\right)}_{=0}+k=k$; comme on souhaite que H s'annule en e^2, on a $k=H\left(e^2\right)=0$ et H est bien égale à la fonction g.

4. $v_n=\displaystyle\int_{e^{-(n+1)}}^{e^{-n}}(1-\ln t)\,dt=\int_{e^{-(n+1)}}^{e^{-n}}h(t)\,dt$.

a. Les bornes sont ordonnées et inférieures à 1 ; comme $1-\ln t$ est positif sur $]0\,;1]$ (d'après 2.), alors l'intégrale est positive. En conclusion, pour tout entier naturel n, $v_n \geq 0$.

b. $v_n=\displaystyle\int_{e^{-(n+1)}}^{e^{-n}}h(t)\,dt=\Big[\underbrace{H(t)}_{=g(t)}\Big]_{e^{-(n+1)}}^{e^{-n}}=g\left(e^{-n}\right)-g\left(e^{-(n+1)}\right)$

$$=e^{-n}\left(2-\underbrace{\ln e^{-n}}_{=-n}\right)-e^{-(n+1)}\left(2-\underbrace{\ln e^{-(n+1)}}_{=-(n+1)}\right)=e^{-n}(2+n)-e^{-(n+1)}(2+n+1)$$

$$=e^{-(n+1)}\left[e(2+n)-(2+n+1)\right]=e^{-(n+1)}\left[n(e-1)+(2e-3)\right].$$

On en conclut que $v_n=e^{-(n+1)}\left[n(e-1)+(2e-3)\right]$.

c. $v_n=\underbrace{e^{-(n+1)}}_{\to 0}\underbrace{\left[n(e-1)+(2e-3)\right]}_{\to+\infty}$: on est face à une forme indéterminée.

Mais puisque l'on connaît nos croissances comparées, on sait que $\lim_{n\to+\infty} ne^{-n} = 0$: on peut en conclure que $\lim_{n\to+\infty} v_n = 0$.

5. a. $S_n = v_0 + v_1 + \ldots + v_n = \int_{e^{-1}}^{e^{-0}} h(t)\,dt + \int_{e^{-2}}^{e^{-1}} h(t)\,dt + \ldots + \int_{e^{-(n+1)}}^{e^{-n}} h(t)\,dt$.

Toutes les bornes se télescopent soit, d'après la relation de Chasles, $S_n = \int_{e^{-(n+1)}}^{1} h(t)\,dt$. On intégre h dont une primitive est g :

$$S_n = [g(t)]_{e^{-(n+1)}}^{1} = g(1) - g\left(e^{-(n+1)}\right) = 1 - e^{-(n+1)}\left(2 - \underbrace{\ln e^{-(n+1)}}_{=-(n+1)}\right) = 1 - e^{-(n+1)}(n+3).$$

b. On réutilise le résultat sur les croissances comparées, de sorte que

$$\lim_{n\to+\infty} e^{-(n+1)}(n+3) = 0.$$

On en déduit que $\lim_{n\to+\infty} S_n = \lim_{n\to+\infty}\left[1 - e^{-(n+1)}(n+3)\right] = 1 - 0 = 1$.

1 h 30 ; calculatrice autorisée, téléphone interdit...

■ Exercice 1 (8 points)

Pour tout entier naturel n supérieur ou égal à 2, on considère la fonction f_n définie sur [0 ; +∞ [par : $f_n(x) = x^n e^{-x}$.

Soit C_n *la* courbe représentative de f_n dans un repère orthogonal $(O ; \vec{i}, \vec{j})$, l'unité sur l'axe des abscisses étant de 1 cm et sur l'axe des ordonnées de 2 cm.

1. a. Déterminer $\lim_{x \to +\infty} f_n(x)$.

b. En déduire que C_n admet une asymptote Δ_n, au voisinage de $+\infty$, dont on donnera une équation.

2. a. Déterminer $f'_n(x)$, pour $x \in [0 ; +\infty[$, où f'_n désigne la dérivée de f_n.

b. Dresser le tableau des variations de f_n.

Préciser les valeurs de $f_n(0)$, $f'_n(0)$ et $f_n(n)$.

3. La fonction f_2 est définie sur [0 ; +∞ [par : $f_2(x) = x^2 e^{-x}$.

a. Tracer la courbe C_2 représentative de f_2 dans le repère $(O ; \vec{i}, \vec{j})$.

b. Déterminer les coordonnées des points d'intersection B_1 et B_2 des courbes C_2 et C_3.

c. Montrer que pour tout entier $n > 2$, la courbe C_n passe par les deux points B_1 et B_2.

4. a. Donner la valeur exacte de l'intégrale : $J = \int_0^2 e^{-x} dx$. On indiquera les calculs intermédiaires.

b. À l'aide d'une intégration par parties, calculer l'intégrale : $K = \int_0^2 x e^{-x} dx$. On donnera la valeur exacte de l'intégrale.

c. À l'aide d'une intégration par parties, exprimer, en fonction de K l'intégrale : $I = \int_0^2 x^2 e^{-x} dx$.

d. On note Q la partie de plan délimitée par les axes du repère, la courbe C_2 et la droite d'équation $x = 2$.

Donner une valeur approchée à 10^{-2} près de l'aire A(Q) de la partie Q, en unités d'aire, puis en cm^2.

e. Hachurer la partie Q sur le graphique de la question 3. a.

■ Exercice 2 (4 points)

Dans cet exercice, pour chaque probabilité demandée, on donnera sa valeur exacte, écrite sous forme de fraction irréductible.

Dans une classe de Terminale S, comprenant 39 élèves, on relève les vœux d'orientation suivants :

– 30 élèves veulent faire des études scientifiques dont 22 envisagent des études longues.

– 6 élèves souhaitent s'engager dans des études de droit dont 2 envisagent des études courtes.

– 3 élèves veulent faire des études d'art (études longues).

– Toutes les filles veulent faire des études longues.

– Il y a autant de filles que de garçons qui souhaitent faire des études scientifiques.

– Il y a autant de filles que de garçons qui souhaitent faire des études de droit.

– Un seul garçon envisage de s'engager dans des études d'art.

1. Compléter le tableau à l'aide des informations données en hypothèse.

Études	Sciences		Droit		Art		
	Longues	Courtes	Longues	Courtes	Longues	Courtes	Total
Filles							
Garçons							
Total							

2. On interroge un élève pris au hasard dans la classe.

a. Donner la probabilité $p(\mathrm{F})$ que l'élève interrogé soit une fille et la probabilité $p(\mathrm{G})$ que ce soit un garçon.

b. Sachant que l'élève interrogé veut faire des études longues, quelle est la probabilité p_1 que ce soit une fille qui envisage de faire des études scientifiques ?

c. Sachant que l'élève interrogé n'envisage pas de faire des études scientifiques, quelle est la probabilité p_2 qu'il se destine à des études d'art ou envisage des études courtes ?

3. Deux filles et un garçon sortent de la classe.

a. Quelle est la probabilité q_1 que ce soient trois élèves qui envisagent des études scientifiques ?

b. Quelle est la probabilité q_2 qu'il y ait au moins un élève envisageant des études d'art ?

■ Exercice 3 (8 points)

On se place dans le plan rapporté au repère $(O\,;\vec{i},\vec{j})$ orthomormé, direct.

Soit A le point d'affixe 1 et B le point d'affixe 2.

On considère le cercle (C) de centre A et de rayon 1 et la droite (T), tangente à (C) en B, d'équation $x = 2$.

Pour tout réel φ vérifiant $-\pi \leq \varphi \leq \pi$, on pose : $z_\varphi = (\cos(\varphi)+1)+i\sin(\varphi)$.

On désigne par M_φ le point du plan d'affixe z_φ.

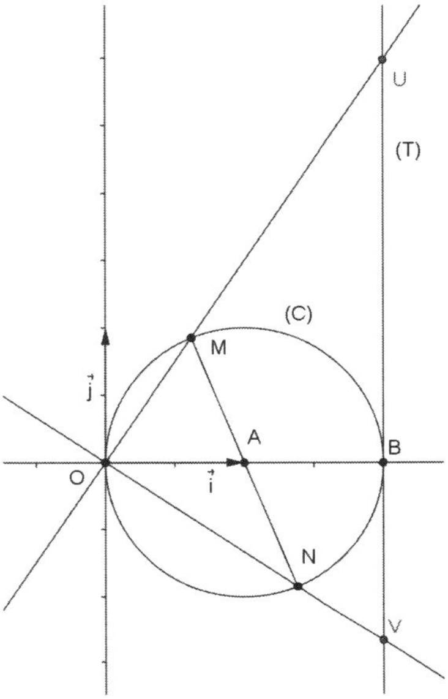

1. Où se trouve le point M_φ lorsque :

$$\varphi = -\pi\ ,\ \varphi = \pi\ ,\ \varphi = 0\ ?$$

2. Soit $\varphi \in]-\pi\,;\pi[$.

a. Déterminer, en fonction de φ l'affixe du vecteur $\overrightarrow{AM_\varphi}$.

b. Justifier que M_φ appartient au cercle (C).

3. Pour la suite de l'exercice, on pose $\varphi = \dfrac{2\pi}{3}$.

On désigne par M le point d'affixe : $z = \dfrac{1}{2} + i\dfrac{\sqrt{3}}{2}$.

On note N le point du cercle (C) diamétralement opposé au point M (N est le symétrique de M par rapport à A). Déterminer l'affixe Z du point N.

4. Déterminer une équation cartésienne de la médiatrice (D) du segment [MN].

5. On considère U le point d'intersection de la droite (OM) et de la tangente (T) et V le point d'intersection de la droite (ON) et de la tangente (T).

a. Déterminer l'affixe u du point U et l'affixe v du point V.

b. Déterminer l'affixe k du milieu K du segment [UV].

c. En déduire une équation cartésienne de la médiatrice (Δ) du segment [UV].

6. a. Déterminer l'affixe ω du point Ω d'intersection des droites (D) et (Δ).

b. Tracer les droites (D) et (Δ) ainsi que le cercle (C') de centre Ω passant par M.

Quels sont les trois points cités dans cet exercice, autres que M, qui appartiennent à ce cercle (C') ?

Un peu de stratégie

Mêmes remarques que pour le sujet précédent ; l'exercice d'Analyse est assez facile quand on connaît son cours... Celui de géométrie semble un peu plus délicat au premier abord, mais finalement il reste très abordable.

Exercice 1

On rappelle que pour $n \geq 2$, $f_n(x) = x^n e^{-x}$ définie sur $[0\,;+\infty[$.

1. a. On connaît les croissances comparées en l'infini : « l'exponentielle l'emporte sur toute puissance de x », donc $\lim\limits_{x \to +\infty} f_n(x) = 0$.

b. On en déduit que C_n admet une asymptote horizontale d'équation $y = 0$ au voisinage de $+\infty$, il s'agit de l'axe des abscisses.

2. a. Puisque $f_n(x) = x^n e^{-x} = u \times v$ est dérivable, on obtient en dérivant le produit : $f_n'(x) = u' \times v + v' \times u = nx^{n-1}e^{-x} + (-e^{-x})x^n = \underbrace{x^{n-1}e^{-x}}_{\geq 0}(n-x)$.

b. On a : $f_n(0) = 0^n e^{-0} = 0$, $f_n'(0) = n \times 0^{n-1} e^{-0}(n-0) = 0$ et $f_n(n) = n^n e^{-n}$.

x	0		n		$+\infty$
$(n-x)$		$+$	0	$-$	
$f_n'(x)$		$+$	0	$-$	
f_n	0	↗	$n^n e^{-n}$	↘	0

3. On considère la fonction $f_2(x) = x^2 e^{-x}$.

a. Ci-dessous la courbe C_2 :

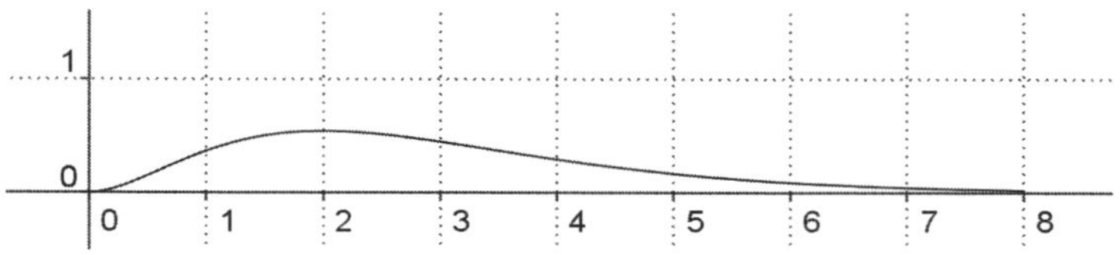

b. Pour déterminer les points d'intersection de C_2 et C_3, on résout l'équation

$$f_2(x) = f_3(x) \Leftrightarrow x^2 \underbrace{e^{-x}}_{\neq 0} = x^3 \underbrace{e^{-x}}_{\neq 0} \Leftrightarrow x^2 - x^3 = 0 \Leftrightarrow x^2(1-x) = 0,$$

d'où les solutions $x = 0$ ou $x = 1$. Ainsi les points B_1 et B_2, d'abscisses respectives 0 et 1, sont les points d'intersection de C_2 et C_3. On peut noter leurs coordonnées respectives : $B_1(0\,;0)$ et $B_2\left(1\,;\frac{1}{e}\right)$.

c. Pour tout $n > 2$, la courbe passe par les points B_1 et B_2, d'abscisses respectives 0 et 1 car pour tout $n > 2$, $f_n(0) = 0$ et $f_n(1) = \frac{1}{e}$ ne dépendent pas de *n*.

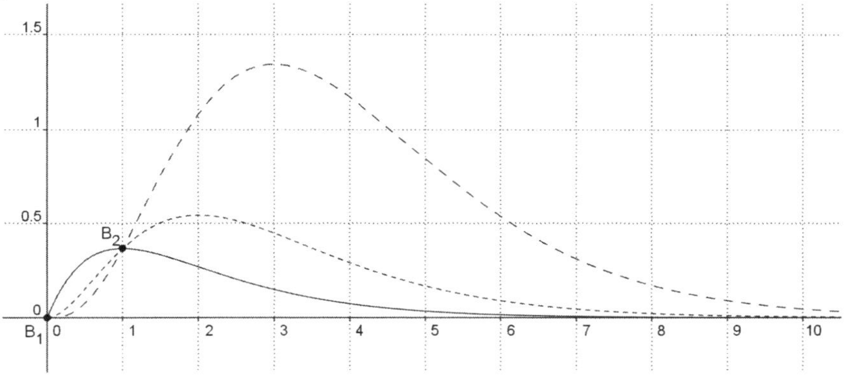

4. a. $J = \int_0^2 e^{-x}dx = \left[-e^{-x}\right]_0^2 = \left[-e^{-2} + e^{-0}\right] = 1 - \frac{1}{e^2} = \frac{e^2 - 1}{e^2}$.

b. $K = \int_0^2 \underbrace{x}_{u}\underbrace{e^{-x}}_{v'}dx = \left[\underbrace{x}_{u}\underbrace{\left(-e^{-x}\right)}_{v}\right]_0^2 - \int_0^2 \underbrace{1}_{u'} \times \underbrace{\left(-e^{-x}\right)}_{v}dx$

$$= \left[-2e^{-2} + 0\right] + J = \frac{-2}{e^2} + \frac{e^2 - 1}{e^2} = \frac{e^2 - 3}{e^2}.$$

c. $I = \int_0^2 \underbrace{x^2}_{u}\underbrace{e^{-x}}_{v'}dx = \left[\underbrace{x^2}_{u}\underbrace{\left(-e^{-x}\right)}_{v}\right]_0^2 - \int_0^2 \underbrace{2x}_{u'} \times \underbrace{\left(-e^{-x}\right)}_{v}dx = \left[-4e^{-2} + 0\right] + 2K$.

d. Cette aire est justement égale à :

$$I = \left[-4e^{-2} + 0\right] + 2K = \frac{-4}{e^2} + 2 \times \frac{e^2 - 3}{e^2} = \frac{2e^2 - 10}{e^2} \simeq 0{,}65 \text{ u.a.}$$

Comme l'unité d'aire est de 2 cm² (unités données dans l'énoncé), alors $A(Q) \simeq 1{,}29 \text{ cm}^2$.

Attention, ici, $A(Q) \neq 1{,}30 = 2 \times 0{,}65$ car « l'arrondi du double » n'est pas toujours « le double de l'arrondi ».
Faites le test : « l'arrondi à l'unité du double » de 2,4 vaut 5 alors que « le double de l'arrondi à l'unité » de 2,4 vaut 4.

e. On peut colorier la partie Q :

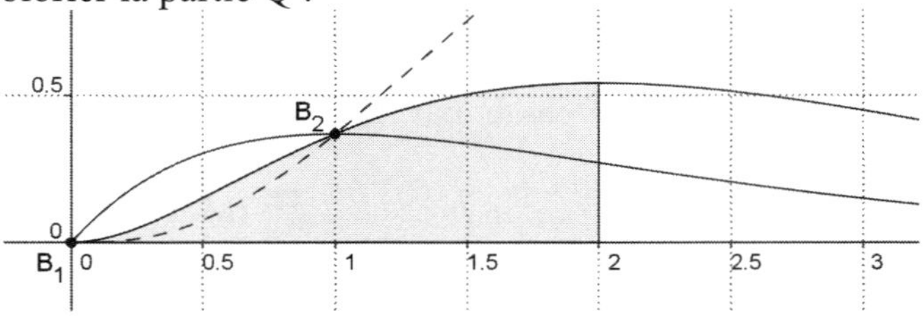

■ Exercice 2

Notez bien que tous les résultats doivent être donnés sous forme de fractions irréductibles.

1. Pour cette question, il est recommandé de compléter le tableau ci-dessous qui semble plus complet et plus facile à interpréter.
En **gras** les données de l'énoncé et en *italique* les résultats obtenus par déduction :

Études de	Sciences		Droit		Art		Total	
	Longues	Courtes	Longues	Courtes	Longues	Courtes	Longues	Courtes
	Total		Total		Total		Total	
Filles	*15*	*0*	*3*	*0*	2	*0*	*20*	**0**
	15		**3**		*2*		*20*	
Garçons	*7*	*8*	*1*	*2*	*1*	*0*	*9*	*10*
	15		**3**		**1**		*19*	
Total	**22**	*8*	*4*	**2**	**3**	*0*	*29*	*10*
	30		**6**		**3**		**39**	

2. a. Il y a 20 filles et 19 garçons parmi 39 élèves donc :

$$P(F) = \frac{20}{39} \text{ et } P(G) = \frac{19}{39}.$$

b. Il y a 29 élèves qui veulent faire des études longues dont 15 filles qui veulent suivre des études scientifiques. On a donc $p_1 = P_L(F \cap S) = \dfrac{15}{29}$.

c. Il y a 9 élèves qui n'envisagent pas de faire des études scientifiques. Parmi eux, 3 se destinent à des études d'Art (longues) et 2 à des études courtes (droit). Donc $p_2 = P_{\overline{S}}\left(A \cup C\right) = \frac{3+2}{9} = \frac{5}{9}$.

3. a. Le nombre de façons de choisir simultanément 2 filles parmi 20 et 1 garçon parmi 19 est : $\binom{20}{2} \times \underbrace{\binom{19}{1}}_{=19} = \frac{20 \times 19}{2} \times 19 = 10 \times 19 \times 19 = 3610$.

Ensuite, si les trois élèves envisagent des études scientifiques, c'est que les 2 filles sont choisies parmi 15 élèves et le garçon parmi 15. Cela donne $\binom{15}{2} \times \binom{15}{1} = \frac{15 \times 14}{2} \times 15 = 15 \times 7 \times 15 = 1575$ possibilités.

Conclusion : $q_1 = \frac{15 \times 7 \times 15}{10 \times 19 \times 19} = \frac{315}{722}$.

b. Il y a 36 élèves qui n'envisagent pas des études d'art dont 18 filles et 18 garçons. Il y a donc $\binom{18}{2} \times \binom{18}{1} = \frac{18 \times 17}{2} \times 18 = 9 \times 17 \times 18$ possibilités qu'aucun élève n'envisage des études d'art. En considérant l'évènement contraire, il y a $10 \times 19 \times 19 - 9 \times 17 \times 18 = 3610 - 2754 = 856$ possibilités pour qu'au moins l'un des 3 étudiants envisage des études d'art.

Conclusion : $q_2 = \frac{856}{3610} = \frac{428}{1805}$.

■ Exercice 3

On peut « remarquer » que $z_\varphi = \left(\cos(\varphi) + 1\right) + i\sin(\varphi) = e^{i\varphi} + 1$. En écrivant ainsi l'affixe z_φ, on voit que M_φ est sur le cercle de rayon 1 et de centre A, d'affixe 1.

1. Pour $\varphi = -\pi$, alors $z_\varphi = \left(\underbrace{\cos(-\pi)}_{=-1} + 1\right) + i\underbrace{\sin(-\pi)}_{=0} = 0$. Ainsi, $M_{-\pi} = O$.

Pour $\varphi = \pi$, alors $z_\varphi = \left(\underbrace{\cos(\pi)}_{=-1} + 1\right) + i\underbrace{\sin(\pi)}_{=0} = 0$. Ainsi, $M_\pi = O$.

Pour $\varphi = 0$, alors $z_\varphi = \left(\underbrace{\cos(0)}_{=1} + 1\right) + i\underbrace{\sin(0)}_{=0} = 2$. Ainsi, $M_0 = B$.

2. Soit $\varphi \in \left]-\pi\,;\pi\right[$.

a. Le vecteur $\overrightarrow{AM_\varphi}$ a pour affixe

$$z_\varphi - z_A = (\cos(\varphi)+1) + i\sin(\varphi) - 1 = \cos(\varphi) + i\sin(\varphi) = e^{i\varphi}.$$

b. Le cercle (C) est de centre A et de rayon 1 ; puisque $|z_\varphi - z_A| = |e^{i\varphi}| = 1$, alors $M_\varphi \in (C)$.

3. $N(Z)$ est le symétrique de $M\left(\frac{1}{2}+i\frac{\sqrt{3}}{2}\right)$ par rapport à $A(1)$ donc A est le milieu de $[MN]$ et on a : $\dfrac{Z+\frac{1}{2}+i\frac{\sqrt{3}}{2}}{2}=1$, soit $Z = 2-\left(\frac{1}{2}+i\frac{\sqrt{3}}{2}\right)=\frac{3}{2}-i\frac{\sqrt{3}}{2}$.

4. Le vecteur $\overrightarrow{MN}(1\,;-\sqrt{3})$ est un vecteur normal à (D) donc son équation est de la forme : $x-\sqrt{3}y+c=0$. Or le point $A(1\,;0)$, milieu de $[MN]$, est sur la droite donc ses coordonnées vérifient l'équation, ce qui donne $c=-1$.
(D) a pour équation $x-\sqrt{3}y-1=0$.

5. a. On peut trouver assez facilement une équation réduite des droites (OM) et (ON) puisqu'elles passent par l'origine : elles sont de la forme $y = mx$.
Pour (OM), on a $m=\dfrac{y_M}{x_M}=\sqrt{3}$ donc $(OM): y=\sqrt{3}x$ et pour (ON) on trouve $m=\dfrac{y_N}{x_N}=\dfrac{-\sqrt{3}/2}{3/2}=-\dfrac{\sqrt{3}}{3}$, soit $(ON): y=-\sqrt{3}x/3$.
Étant donné que U est le point d'intersection des droites (OM) et (T) ses coordonnées vérifient $\begin{cases} y_U=\sqrt{3}x_U \\ x_U=2 \end{cases}$; on obtient alors $U(2\,;2\sqrt{3})$; de même on trouve $V\left(2\,;\dfrac{-2\sqrt{3}}{3}\right)$.

En conclusion, les affixes de ces points sont : $u=2+2i\sqrt{3}$ et $v=2-\dfrac{2i\sqrt{3}}{3}$.

b. K étant le milieu de $[UV]$, on a :

$$k=\frac{u+v}{2}=\frac{2+\frac{6i\sqrt{3}}{3}+2-\frac{2i\sqrt{3}}{3}}{2}=\frac{4+\frac{4i\sqrt{3}}{3}}{2}=2+\frac{2i\sqrt{3}}{3}.$$

(UV) est verticale, la médiatrice (Δ) de $[UV]$ est donc horizontale.

On en déduit, puisque (Δ) passe par *K*, que l'équation de (Δ) est $y = \frac{2\sqrt{3}}{3}$.

6. a. Les coordonnées du point Ω vérifient :

$$\begin{cases} x_\Omega - \sqrt{3}y_\Omega - 1 = 0 \\ y_\Omega = \frac{2\sqrt{3}}{3} \end{cases} \Rightarrow \begin{cases} x_\Omega = \sqrt{3}\frac{2\sqrt{3}}{3} + 1 = 2 + 1 = 3 \\ y_\Omega = \frac{2\sqrt{3}}{3} \end{cases} ;$$

on en déduit l'affixe de Ω : $\omega = 3 + \frac{2i\sqrt{3}}{3}$.

b. Ci-dessous, la figure complétée :

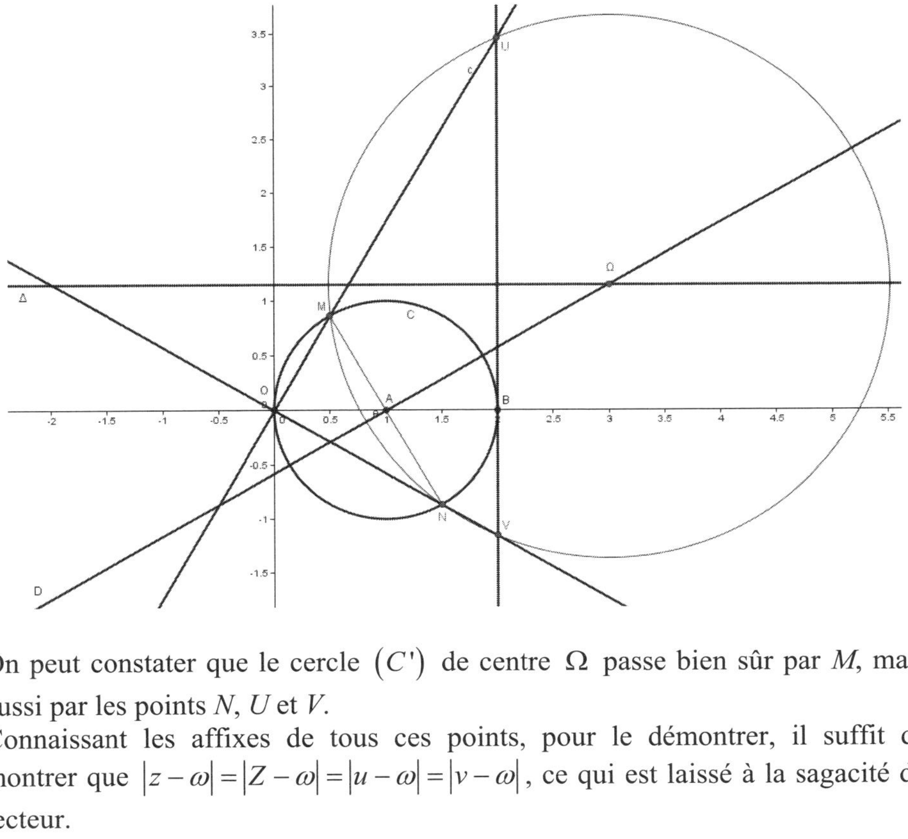

On peut constater que le cercle (C') de centre Ω passe bien sûr par *M*, mais aussi par les points *N*, *U* et *V*.
Connaissant les affixes de tous ces points, pour le démontrer, il suffit de montrer que $|z-\omega| = |Z-\omega| = |u-\omega| = |v-\omega|$, ce qui est laissé à la sagacité du lecteur.

Durée : 1 h 30 mn

Consignes

Lisez soigneusement les consignes ci-dessous afin de réussir au mieux cette épreuve :

– Cette épreuve comporte volontairement plus d'exercices que vous ne pouvez en traiter dans le temps qui vous est imparti. La raison en est que votre professeur n'a pas encore forcément traité l'ensemble du programme de Terminale S.

– Vous devez répondre à 45 questions parmi les 60 proposées (au choix) pour obtenir la note maximale. Si vous traitez plus de 45 questions, seules les 45 premières seront prises en compte.

– Toutes les pages blanches situées au verso de ce sujet peuvent être utilisées à l'usage de brouillon si vous le souhaitez. Aucun brouillon ne vous sera distribué.

– L'usage de la calculatrice ou de tout autre appareil électronique est interdit.

– Aucun autre document que ce sujet et sa grille-réponse n'est autorisé.

– Attention, il ne s'agit pas d'un examen mais bien d'un concours qui induit un classement. Même si vous trouvez ce sujet « difficile », ne vous arrêtez pas en cours de composition, n'abandonnez pas, restez concentré(e) et faites de votre mieux. Les autres candidats rencontrent probablement les mêmes difficultés que vous !

Barème : afin d'éliminer les stratégies de réponses au hasard, chaque bonne réponse est gratifiée de 3 points, tandis que les mauvaises réponses sont pénalisées par le retrait d'1 point.

■ Les limites

1. $\lim\limits_{x \to -\infty} -2x^2 + x + 4\cos(x) =$

A. $-\infty$	B. 0	C. n'existe pas	D. aucune des 3 réponses précédentes

2. $\lim\limits_{x \to 0} -2x^2 + x + 4\cos(x) =$

A. $-\infty$	B. 0	C. n'existe pas	D. aucune des 3 réponses précédentes

3. $\lim\limits_{x \to -\infty} \dfrac{x}{\sin(-x)} =$

A. -1	B. 1	C. n'existe pas	D. aucune des 3 réponses précédentes

4. $\lim\limits_{x \to 0} \dfrac{x}{\sin(-x)} =$

A. -1	B. 1	C. n'existe pas	D. aucune des 3 réponses précédentes

■ Les complexes

Soit $z_1 = 3e^{i\frac{\pi}{4}} z_2$, où z_2 est un réel strictement négatif.

5. $|z_1| =$

A. $3z_2$	B. $-3z_2$	C. $3iz_2$	D. $-3iz_2$

6. $\arg(z_1) =$

A. $\dfrac{\pi}{4}$	B. $-\dfrac{\pi}{4}$	C. $\dfrac{3\pi}{4}$	D. $-\dfrac{3\pi}{4}$

7. $\overline{z_1} =$

A. $3e^{i\frac{\pi}{4}} z_2$	B. $-3e^{i\frac{\pi}{4}} z_2$	C. $3e^{-i\frac{\pi}{4}} z_2$	D. $-3e^{-i\frac{\pi}{4}} z_2$

8. z_1^{10} est un

A. réel strictement positif	B. réel strictement négatif
C. imaginaire pur de partie imaginaire strictement positive	D. imaginaire pur de partie imaginaire strictement négative

■ Transformations planes et complexes

Soient f et g les transformations complexes qui à tout point M, d'affixe z du plan associent respectivement les points d'affixes $f(z) = -iz + 1 - i$ et $g(z) = -\overline{z}$.

9. f est

A. une translation	B. une rotation	C. une homothétie	D. une réflexion

10. g est

A. une translation	B. une rotation	C. une homothétie	D. une réflexion

11. L'affixe du point fixe de f est

A. -1	B. $+1$	C. $-i$	D. $+i$

12. L'écriture complexe associée à $g \circ f$ est

A. $-i\overline{z} - 1 - i$	B. $-i\overline{z} - 1 + i$	C. $i\overline{z} - 1 - i$	D. $i\overline{z} - 1 + i$

Logique

13. Pour prouver que I est le milieu de $[AB]$, il suffit de prouver que

A. pour tout point M : $\overrightarrow{MA}+\overrightarrow{MB}=2\overrightarrow{MI}$	B. $AI=BI$
C. $\overrightarrow{AI}+\overrightarrow{IB}=\overrightarrow{AB}$	D. $\overrightarrow{AI}$ et $\overrightarrow{AB}$ sont colinéaires

14. Pour que quatre points distincts A, B, C et D soient coplanaires, il est nécessaire

A. que trois de ces points soient alignés	B. que les droites (AB) et (CD) soient parallèles ou sécantes
C. de trouver un réel α tel que $\overrightarrow{AD}=\alpha\left(\overrightarrow{AB}+\overrightarrow{AC}\right)$	D. aucune des 3 réponses précédentes

15. Si a et b sont irrationnels, alors forcément

A. $a+b$ est irrationnel	B. ab est irrationnel	C. a^2 est rationnel	D. aucune des 3 réponses précédentes

16. Si f est définie en a, alors nécessairement

A. f est continue en a	B. $\ln(f)$ est définie en a	C. $\dfrac{1}{f}$ est définie en a	D. $\dfrac{1}{e^f}$ est définie en a

Équations et inéquations dans $\mathbb{R}$

17. $x^4-x^2-6=6$ admet dans $\mathbb{R}$

A. 0 solution	B. 1 ou 3 solutions	C. 2 solutions	D. 4 solutions

18. $\left|x^4-x^2-6\right|=6$ admet dans $\mathbb{R}$

A. 0 solution	B. 1 ou 3 solutions	C. 4 solutions	D. 5 solutions

19. $\left(\ln(x)\right)^2-\ln(x)-6=6$ admet dans $\mathbb{R}$

A. 0 solution	B. 1 ou 3 solutions	C. 2 solutions	D. 4 solutions

20. $\ln\left(x^2\right)-\ln(x)-6=6$ admet dans $\mathbb{R}$

A. 0 solution	B. 1 ou 3 solutions	C. 2 solutions	D. 4 solutions

21. $x^2e^{-x}=-1$ admet dans $\mathbb{R}$

A. 0 solution	B. 1 solution	C. 2 solutions	D. 3 ou 4 solutions

22. $x^2e^{-x} = 2e^{-2}$ admet dans $\mathbb{R}$

A. 0 solution	B. 1 solution	C. 2 solutions	D. 3 ou 4 solutions

23. $e^{\frac{1}{x}} > -e^{-\frac{1}{3}}$ a pour solution dans $\mathbb{R}$

A. $]0\,;3]$	B. $]-\infty\,;-3]\cup]0\,;+\infty[$	C. $\mathbb{R}$	D. aucune des 3 réponses précédentes

24. $e^{\frac{1}{x}} > e^{\frac{1}{3}}$ a pour solution dans $\mathbb{R}$

A. $]0\,;3]$	B. $]-\infty\,;-3]\cup]0\,;+\infty[$	C. $\mathbb{R}$	D. aucune des 3 réponses précédentes

■ Équations dans $\mathbb{C}$

25. La somme des solutions complexes de l'équation $z^4 - z^2 - 12 = 0$ est égale à

A. 0	B. 1	C. −12	D. aucune des 3 réponses précédentes

26. Le produit des solutions complexes de l'équation $z^4 - z^2 - 12 = 0$ est égale à

A. 0	B. 1	C. −12	D. aucune des 3 réponses précédentes

■ Dérivées et primitives

27. Sur $\mathbb{R}^*$ la dérivée de $f : x \to \dfrac{e^{\frac{1}{x}}}{x}$ est définie par $f'(x) =$

A. $-\dfrac{1}{x^2}e^{\frac{1}{x}}$	B. $\dfrac{x+1}{x^3}e^{\frac{1}{x}}$	C. $-\dfrac{x+1}{x^3}e^{\frac{1}{x}}$	D. aucune des 3 réponses précédentes

28. Sur $]-\infty\,;0[$ une primitive F de $x \to \ln(-x)$ est définie par $F(x) =$

A. $x\ln(-x) - x$	B. $x\ln(-x) + x$	C. $-x\ln(-x) - x$	D. $-x\ln(-x) + x$

29. Sur $\left[-\pi\,;-\dfrac{\pi}{2}\right[$ la primitive F de $x \to \tan(x)$ telle que $F(-\pi) = 0$ est définie par $F(x) =$

A. $\ln(\cos x)$	B. $\ln(-\cos x)$	C. $-\ln(\cos x)$	D. $-\ln(-\cos x)$

30. Sachant que sur $\mathbb{R}$: $f''(x) = -f(x)$ alors $f(x)$ ne peut pas être égale à

A. 0	B. e^{-x}	C. $\cos x$	D. $\sin x$

Intégrales

31. $\int_{1}^{-1} xe^{-x^2}dx =$

A. $-\frac{2}{e}$	B. $\frac{e-1}{e}$	C. $-\left(\frac{e-1}{e}\right)$	D. aucune des 3 réponses précédentes

32. $\int_{-1}^{1} xe^{-x^2}dx =$

A. 0	B. $e^{-1}-e$	C. $\frac{e-e^{-1}}{3}$	D. $e-5e^{-1}$

Équations différentielles

Soient (E) : $y'-2y=2x+5$ et (F) : $y''-2y'=2$.

33. Une solution de (E) est définie par $f(x)=$

A. $e^{2x}-\frac{2x+5}{2}$	B. $e^{2x}+\frac{2x+5}{2}$	C. $-x-3$	D. aucune des 3 réponses précédentes

34. Une solution de (F) est définie par $g(x)=$

A. $-e^{2x}-1$	B. $-e^{2x}-x$	C. 1	D. x

35. $y : x \to y(x) = -5e^{2x}-x-3$

A. est solution de (E) et de (F)	B. est solution de (E) mais pas de (F)
C. est solution de (F) mais pas de (E)	D. n'est solution ni de (E) ni de (F)

36. $y : x \to y(x) = 3e^{2x}-x+3$

A. est solution de (E) et de (F)	B. est solution de (E) mais pas de (F)
C. est solution de (F) mais pas de (E)	D. n'est solution ni de (E) ni de (F)

Géométrie analytique dans l'espace

Dans un repère orthonormal on considère le plan P d'équation $2x-3y+z=-4$ et le point A de coordonnées (2 ; –1 ; 3).

37. Une équation cartésienne du plan passant par A et parallèle à P est

A. $2x-3y+z=4$	B. $-2x+3y-z=10$	C. $x-y-z=0$	D. aucune des 3 réponses précédentes

38. Une équation cartésienne d'un plan passant par A et perpendiculaire à P est

A. $\frac{1}{2}x-\frac{1}{3}y+z=\frac{13}{3}$	B. $y+3z=8$	C. $-x+2z=-4$	D. aucune des 3 réponses précédentes

39. La distance du point A au plan P est égale à

A. 14	B. $\sqrt{7}$	C. $\sqrt{14}$	D. aucune des 3 réponses précédentes

40. L'intersection du plan P avec la sphère de centre A et de rayon 3 est

A. vide	B. un point	C. un cercle	D. aucune des 3 réponses précédentes

■ Espace et vecteurs

Soient A et B deux points distincts de l'espace.
L'ensemble des points M tels que

41. $\left\|3\overrightarrow{MA}-5\overrightarrow{MB}\right\|=\left\|5\overrightarrow{MA}-3\overrightarrow{MB}\right\|$

A. est une droite ou un cercle	B. est une sphère	C. est un plan	D. aucune des 3 réponses précédentes

42. $\left\|3\overrightarrow{MA}-5\overrightarrow{MB}\right\|=\left\|5\overrightarrow{MB}-3\overrightarrow{MA}\right\|$

A. est une droite ou un cercle	B. est une sphère	C. est un plan	D. aucune des 3 réponses précédentes

43. $\left\|3\overrightarrow{MA}-5\overrightarrow{MB}\right\|=\left\|2\overrightarrow{MA}-2\overrightarrow{MB}\right\|$

A. est une droite ou un cercle	B. est une sphère	C. est un plan	D. aucune des 3 réponses précédentes

44. $\left(3\overrightarrow{MA}-5\overrightarrow{MB}\right).\left(2\overrightarrow{MA}-2\overrightarrow{MB}\right)=0$

A. est une droite ou un cercle	B. est une sphère	C. est un plan	D. aucune des 3 réponses précédentes

■ Suites arithmétiques et géométriques

(u_n) étant une suite telle que $u_3=-5$ et $u_6=40$, si (u_n) est arithmétique alors

45. $u_3+u_4+\ldots+u_7=$

A. 100	B. 200	C. 70	D. aucune des 3 réponses précédentes

46. $e^{u_3}e^{u_4}\ldots e^{u_7}=$

A. e^{100}	B. e^{200}	C. e^{70}	D. aucune des 3 réponses précédentes

Si (u_n) est géométrique alors

47. $u_3 + u_4 + \ldots + u_7 =$

A. $-\frac{165}{3}$	B. 165	C. 155	D. aucune des 3 réponses précédentes

48. $\ln|u_3| + \ln|u_4| + \ldots + \ln|u_7| =$

A. $\ln\left(\frac{165}{3}\right)$	B. $\ln(165)$	C. $\ln(155)$	D. aucune des 3 réponses précédentes

■ Dénombrement

Dans une trousse se trouvent un stylo bleu, deux blancs, quatre rouges indiscernables au toucher les uns des autres ; on tire au hasard et simultanément trois de ces stylos.

49. Le nombre de tirages unicolores est égal à

A. 1	B. 2	C. 4	D. aucune des 3 réponses précédentes

50. Le nombre de tirages tricolores est égal à

A. 7	B. 8	C. 9	D. aucune des 3 réponses précédentes

51. Le nombre de tirages bicolores est égal à

A. 23	B. 24	C. 25	D. aucune des 3 réponses précédentes

52. Le nombre de tirages comportant plus de rouges que de blancs est égal à

A. 35	B. 22	C. 19	D. aucune des 3 réponses précédentes

■ Variables aléatoires

On tire 2 lettres successivement et avec remise d'un sac contenant les lettres M, A, T et H et on considère X la variable aléatoire associée au nombre de voyelles tirées.

Par ailleurs Y est une variable aléatoire indépendante de X prenant pour valeurs -2, 1 et 3 avec des probabilités proportionnelles aux carrés de leurs valeurs.

53. $P(X = 0) =$

A. $\frac{7}{16}$	B. $\frac{8}{16}$	C. $\frac{9}{16}$	D. $\frac{10}{16}$

54. $P(Y=3)=$

A. $\frac{1}{14}$	B. $\frac{4}{14}$	C. $\frac{9}{14}$	D. $\frac{15}{14}$

55. $E(X)=$

A. 0	B. 0,5	C. 1	D. 1,5

56. $P(X=Y)=$

A. $\frac{3}{112}$	B. $\frac{25}{56}$	C. $\frac{1}{112}$	D. aucune des 3 réponses précédentes

■ Analyse de courbes

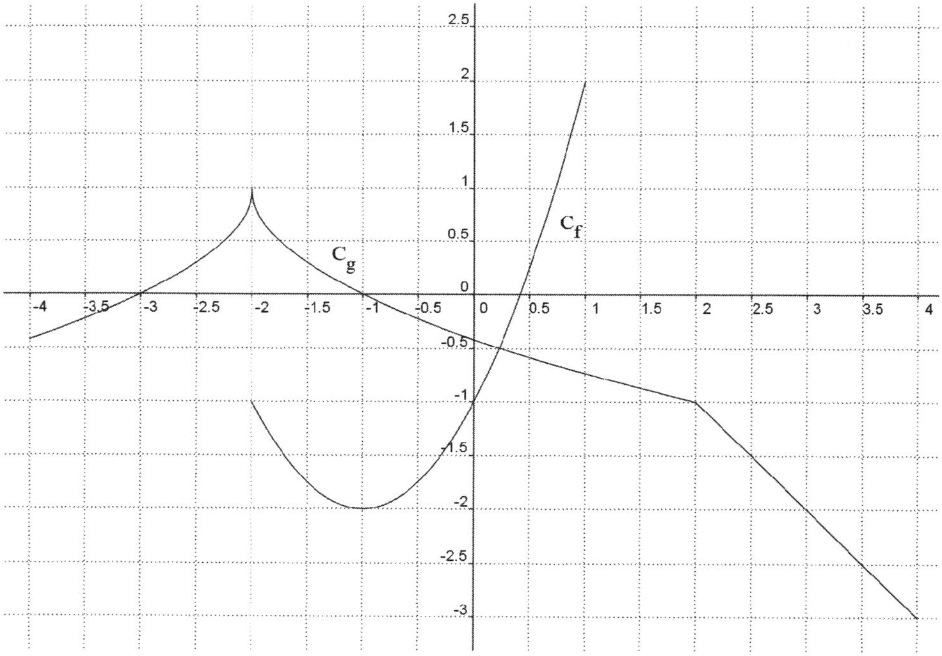

57. $f\circ g(2)=$

A. n'existe pas	B. 2	C. −2	D. 0

58. sur [−4 ; −2], $g(x)=$

A. $-\sqrt{2-x}+1$	B. $-\sqrt{-2-x}+1$	C. $\sqrt{2-x}+1$	D. $\sqrt{-2-x}+1$

59. l'ensemble de définition de la fonction $f\circ g$ est

A. [−4 ; 4]	B. [−2 ; 1]	C. [−4 ; 3]	D. aucune des 3 réponses précédentes

60. $\lim_{x \to -2} \frac{g(x) - g(-2)}{x+2} =$

A. $-\infty$	B. $+\infty$	C. n’existe pas	D. aucune des 3 réponses précédentes

Un peu de stratégie

Le temps imparti est court. Choisissez les parties qui vous inspirent le plus. Suivez aussi votre inspiration, rappelez-vous que vous n'êtes pas évalué sur votre rigueur, alors si vous avez une idée assez précise de la réponse, ça vaut le coup de l'écrire même si vous n'êtes pas tout à fait sûr, la pénalité n'étant pas très forte. Et vous avez intérêt à raisonner par élimination...

Grille des réponses

1	A	11	C	21	A	31	D	41	C	51	A
2	D	12	A	22	D	32	A	42	D	52	B
3	C	13	A	23	D	33	C	43	B	53	C
4	A	14	B	24	D	34	B	44	C	54	C
5	B	15	D	25	A	35	A	45	D	55	B
6	D	16	D	26	C	36	C	46	D	56	A
7	C	17	C	27	C	37	D	47	A	57	A
8	C	18	D	28	A	38	B	48	D	58	C
9	A	19	C	29	D	39	C	49	C	59	B
10	D	20	B	30	B	40	A	50	B	60	D

Les limites

1. A. Comme $-1 \leq \cos x \leq 1$, alors $-2x^2 + x + 4\cos x$ se comporte comme $-2x^2 + x$ en l'infini. Or, $\lim\limits_{x \to -\infty} -2x^2 + x = \lim\limits_{x \to -\infty} x^2\left(-2 + \dfrac{1}{x}\right) = -\infty$.

Donc, $\lim\limits_{x \to -\infty} -2x^2 + x + 4\cos x = -\infty$.

2. D. Pas de problème de définition ici, il suffit de remplacer x par 0 : $\lim\limits_{x \to 0} -2x^2 + x + 4\cos x = -2 \times 0^2 + 0 + 4\underbrace{\cos 0}_{=1} = 4$.

3. C. On sait que $-1 \leq \sin x \leq 1$ et que sinus ne garde pas un signe constant à l'infini (il oscille en permanence), il est clair que le rapport n'admet aucune limite.

4. A. On a la limite du cours : $\lim\limits_{x \to 0} \dfrac{\sin x}{x} = 1$ d'où $\lim\limits_{x \to 0} \dfrac{x}{\sin(-x)} = \lim\limits_{x \to 0} -\dfrac{x}{\sin x} = -1$.

■ Les complexes

> *L'information du début est importante.*
> *On peut écrire :* $z_2 = -\rho = \rho e^{i\pi}$ *où* $\rho > 0$ *(*$\rho > 0$ *module de* z_2*).*

5. B. $|z_1| = 3|z_2| = -3z_2$: puisque $z_2 < 0$, $|z_2| = -z_2$ (valeur absolue d'un nombre négatif).

6. D. $z_1 = 3e^{i\frac{\pi}{4}} z_2 = 3\rho e^{i\frac{\pi}{4}} e^{i\pi} = \underbrace{3\rho}_{>0} e^{i\frac{5\pi}{4}}$. Donc $\arg(z_1) = \frac{5\pi}{4} = \frac{-3\pi}{4}[2\pi]$.

7. C. $\overline{z_1} = \overline{3e^{i\frac{\pi}{4}}} \times \overline{z_2} = 3e^{-i\frac{\pi}{4}} \times z_2$ puisque z_2 est réel.

8. C. $z_1^{10} = 3^{10} e^{10i\frac{\pi}{4}} \times z_2^{10} = 3^{10} e^{i\frac{5\pi}{2}} \times z_2^{10} = 3^{10} e^{i\frac{\pi}{2}} \times z_2^{10} = 3^{10} i \times z_2^{10}$ est imaginaire pur de partie imaginaire $3^{10} \times z_2^{10} > 0$.

■ Transformations planes et complexes

9. A. f est de la forme $f(z) = e^{i\theta} z + b$ où $\theta = -\frac{\pi}{2}$. C'est une rotation.

10. D. g est la réflexion d'axe des ordonnées car $g(x+iy) = -\overline{x+iy} = -x+iy$ (faites un petit schéma).

11. C. f étant une rotation n'a qu'un seul point fixe et $f(-i) = -i$. C'est le bon !

12. A. $g \circ f(z) = -\overline{(-iz+1-i)} = -\left(i\overline{z}+1+i\right) = -i\overline{z}-1-i$.

■ Logique

13. A. En particulier pour $M = I$, on a $\overrightarrow{IA} + \overrightarrow{IB} = \vec{0}$. Sinon, par élimination on a les situations fausses suivantes :

La réponse B n'est pas la bonne car la relation $AI = IB$ est vraie pour tout triangle ABI isocèle en I.	La réponse C n'est pas la bonne car la relation $\overrightarrow{AI} + \overrightarrow{IB} = \overrightarrow{AB}$ est vraie pour tout point I. C'est la relation de Chasles.	La réponse D n'est pas la bonne car « $\overrightarrow{AI}$ est colinéaire à $\overrightarrow{AB}$ » signifie seulement que I est sur la droite (AB).
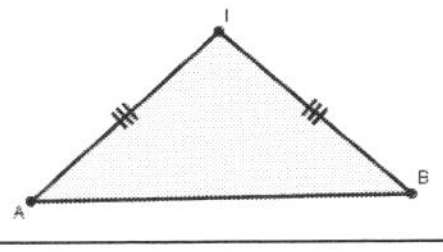	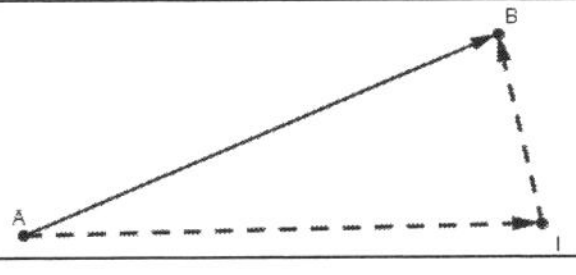	

14. B. La réponse C est presque juste, il aurait fallu trouver deux réels α et β tels que $\overrightarrow{AD} = \alpha\overrightarrow{AB} + \beta\overrightarrow{AC}$.

15. D. Aucune des réponses précédentes n'est correcte. On rappelle qu'un irrationnel est un nombre réel ne pouvant s'écrire sous la forme d'une fraction. Les plus connus sont les radicaux $\sqrt{2}, \sqrt{3}, \sqrt{5}, \ldots$, et les nombres e et π ; on peut noter : $\pi \notin \mathbb{Q}$, ($\mathbb{Q}$ désignant l'ensemble des nombres rationnels).
La proposition A est fausse puisque même si $a = \sqrt{2} \notin \mathbb{Q}$ et $b = -\sqrt{2} \notin \mathbb{Q}$, alors $a + b = 0 \in \mathbb{Q}$.
La proposition B est fausse puisque même si $a = \sqrt{2} \notin \mathbb{Q}$ et $b = -\sqrt{2} \notin \mathbb{Q}$, alors $ab = -2 \in \mathbb{Q}$.
La proposition C est fausse puisque même si $a = \sqrt{2} \notin \mathbb{Q}$ alors $a^2 = 2 \in \mathbb{Q}$.

16. D. Seule $1/e^f$ est définie en a. Pour B et C, il y a un problème si f s'annule. Pour A, rien ne permet de l'affirmer (trouvez un contre-exemple…).

■ Équations et inéquations dans $\mathbb{R}$

17. C. On pose $X = x^2$ et on résout $X^2 - X - 12 = 0$ qui a pour solutions $X = 4$ et $X = -3$. Puis, en revenant à l'inconnue initiale, $x^2 = 4$ donne $x = \pm 2$, mais $x^2 = -3$ n'a pas de solution réelle.

18. D. (Il y avait une erreur dans l'énoncé original et même dans le corrigé fourni par l'organisateur, aucune réponse proposée n'était correcte : l'énoncé a été légèrement modifié par mes soins en conséquence).

$$|x^4 - x^2 - 6| = 6 \Leftrightarrow x^4 - x^2 - 6 = 6 \quad \text{ou} \quad x^4 - x^2 - 6 = -6$$

$$\Leftrightarrow \text{(a) } x^4 - x^2 - 12 = 0 \quad \text{ou} \quad \text{(b) } x^4 - x^2 = 0.$$

Résolvons ces deux équations de degré 4 l'une après l'autre :
- pour (a) on utilise la question 17 et on trouve deux solutions : 2 et -2 ;
- pour (b), on factorise $x^4 - x^2 = x^2\left(x^2 - 1\right) = x^2(x-1)(x+1)$ d'où (b) équivaut à $x^2(x-1)(x+1) = 0$: on trouve ici trois solutions : 0, 1 et -1.

Ainsi, l'équation admet 5 solution distinctes : $S = \{-2\,;-1\,;0\,;1\,;2\}$ (vérifiez que ce sont bien les solutions).

19. C. On pose $X = \ln x$, on résout $X^2 - X - 12 = 0$, les solutions sont $X = 4$ ou $X = -3$. Ainsi $\ln x = 4$ et $x = e^4$ ou $\ln x = -3$ et $x = e^{-3}$.

20. B. Cette équation n'est définie que si $x > 0$. Puis

$$\ln\left(x^2\right) - \ln x - 6 = 6 \Leftrightarrow 2\ln x - \ln x = 12 \Leftrightarrow x = e^{12}.$$

21. A. Pour tout $x \in \mathbb{R}$, $\underbrace{x^2}_{\geq 0} \underbrace{e^{-x}}_{>0} \geq 0$: l'équation $x^2 e^{-x} = -1$ ne peut avoir aucune solution.

22. D. Étudions $f(x) = x^2 e^{-x}$; sa dérivée est égale à $f'(x) = \left(2x - x^2\right)e^{-x}$ qui est du signe de $\left(2x - x^2\right)$; avec les croissances comparées, on trouve $\lim\limits_{x \to +\infty} f(x) = 0^+$ et $\lim\limits_{x \to -\infty} f(x) = +\infty$.

On peut résumer les variations de f dans le tableau ci-dessous :

x	$-\infty$		0		2		$+\infty$
$f'(x)$		$-$	0	$+$	0	$-$	
f	$+\infty$	↘ $2e^{-2}$ ↘	0	↗ $2e^{-2}$ ↗	$4e^{-2}$	↘ $2e^{-2}$ ↘	0

En appliquant trois fois le théorème des valeurs intermédiaires aux intervalles $]-\infty\,;0]$, $]0\,;2[$ et $[2\,;+\infty[$, on trouve trois solutions à l'équation $x^2 e^{-x} = 2e^{-2}$ dans $\mathbb{R}$.

23. D. Étant donné que pour tout $x \neq 0$, $e^{\frac{1}{x}} > 0$, cette inéquation a pour solution l'ensemble $\mathbb{R}^*$.

24. D. On a $e^{\frac{1}{x}} > e^{\frac{1}{3}} \Leftrightarrow \frac{1}{x} > \frac{1}{3}$ puisque la fonction exponentielle est strictement croissante ; cette dernière inégalité est équivalente à $x < 3$ (en passant à l'inverse deux nombres de même signe) : $S =]-\infty\,;3[$.

■ Équation dans $\mathbb{C}$

25. A. On reprend l'équation du 17. dans $\mathbb{C}$. Les solutions sont donc $2, -2, i\sqrt{3}, -i\sqrt{3}$.

26. C. En développant le produit $(z-2)(z+2)\left(z - i\sqrt{3}\right)\left(z + i\sqrt{3}\right) = 0$, on retrouve l'équation du 17. et le produit des racines est égal à -12.

■ Dérivées et primitives

27. C. Avec $f(x)=\dfrac{e^{\frac{1}{x}}}{x}$, alors

$$f'(x)=\frac{-\frac{1}{x^2}e^{\frac{1}{x}}\times x-e^{\frac{1}{x}}}{x^2}=\frac{-\frac{1}{x}e^{\frac{1}{x}}-e^{\frac{1}{x}}}{x^2}=-\frac{\left(\frac{1}{x}+1\right)e^{\frac{1}{x}}}{x^2}=-\frac{x+1}{x^3}e^{\frac{1}{x}}.$$

On rappelle que : $\left(e^u\right)'=u'e^u$ *et que* $\left(\dfrac{u}{v}\right)'=\dfrac{u'v-v'u}{v^2}$.

28. A. En dérivant la première fonction proposée, $F(x)=x\ln\left(-x\right)-x$ on a $F'(x)=\ln(-x)+x\times\dfrac{-1}{-x}-1=\ln(-x)$.

On rappelle que : $\left(\ln u\right)'=\dfrac{u'}{u}$.

29. D. Avec $F(x)=-\ln\left(-\cos x\right)$, $F'(x)=-\dfrac{-\left(-\cos x\right)'}{-\cos x}=-\dfrac{-\left(\sin x\right)}{-\cos x}=-\tan x$.

30. B. Si $f(x)=e^{-x}$, alors $f'(x)=-e^{-x}$ et $f''(x)=+e^{-x}$, d'où $f''(x)=f(x)$.

■ Intégrales

31. D. $\displaystyle\int_1^{-1}xe^{-x^2}dx=-\frac{1}{2}\int_1^{-1}\underbrace{-2x}_{=u'}\underbrace{e^{-x^2}}_{=e^u}dx=-\frac{1}{2}\left[\underbrace{e^{-x^2}}_{=e^u}\right]_1^{-1}=-\frac{1}{2}\left[e^{-1}-e^{-1}\right]=0$.

En étant un peu attentif, on remarque que la fonction intégrée est impaire sur un intervalle centré en 0. L'intégrale ne peut être que nulle.

32. A. $\displaystyle\int_{-1}^{1}xe^{-x^2}dx=\ldots=0$. C'est le résultat opposé au précédent !

■ Équations différentielles

$\left(\mathrm{E}\right): y'-2y=2x+5$ et $\left(\mathrm{F}\right): y''-2y'=2$.

On peut remarquer en dérivant (E), *qu'on obtient l'équation* (F). *Ainsi toute fonction (deux fois dérivable) solution de* (E) *est aussi solution de* (F).

33. C. Si $f(x)=-x-3$, $f'(x)=-1$: $f'(x)-2f(x)=-1-2(-x-3)=2x+5$.

Commencez par tester la fonction de la réponse C, c'est la plus simple à dériver

34. B. Si $g(x)=-e^{2x}-x$ alors $g'(x)=-2e^{2x}-1$ et $g''(x)=-4e^{2x}$.
Ainsi $g''(x)-2g'(x)=-4e^{2x}-2(-2e^{2x}-1)=-4e^{2x}+4e^{2x}+2=2$.

35. A. Avec $y(x)=-5e^{2x}-x-3$, $y'(x)=-10e^{2x}-1$ et $y''(x)=-20e^{2x}$; on a donc $y'(x)-2y(x)=-10e^{2x}-1-2(-5e^{2x}-x-3)=2x+5$ et

$$y''(x)-2y'(x)=-20e^{2x}-2(-5e^{2x}-1)=2,$$

d'où y est solution de (E) et de (F).

36. C. Avec $y(x)=3e^{2x}-x+3$, $y'(x)=6e^{2x}-1$ et $y''(x)=12e^{2x}$, soit :

$$y'(x)-2y(x)=6e^{2x}-1-2(3e^{2x}-x+3)=2x-7\neq 2x+5 \text{ et}$$

$$y''(x)-2y'(x)=12e^{2x}-2(6e^{2x}-1)=2 \ ;$$

y est solution de (F) mais pas de (E).

■ Géométrie analytique dans l'espace

37. D. Tout plan parallèle à P partage avec P ses vecteurs normaux donc une équation de ce plan est de la forme $2x-3y+z=d$ où d reste à déterminer ; comme ce plan passe par A, les coordonnées de A vérifient l'équation, soit $2x_A-3y_A+z_A=2\times 2-3\times(-1)+3=10$: on a l'équation $2x-3y+z=10$.

38. B. Deux plans sont perpendiculaires si et seulement si leurs vecteurs normaux sont orthogonaux. Or, le vecteur $(0\,;1\,;3)$ est orthogonal à $(2\,;-3\,;1)$ (cela se vérifie par le calcul de leur produit scalaire) et les coordonnées de A vérifient l'équation du plan proposé en B.

39. C. $d(A\,;\mathrm{P})=\dfrac{|2x_A-3y_A+z_A+4|}{\sqrt{2^2+(-3)^2+1^2}}=\dfrac{14}{\sqrt{14}}=\sqrt{14}$.

40. A. $\sqrt{14}>3$. Donc la sphère de centre A ne rencontre pas le plan P.

■ Espace et vecteurs

41. C. Posons $G_1=\mathrm{Bar}\{(A\,;3),(B\,;-5)\}$ et $G_2=\mathrm{Bar}\{(A\,;5),(B\,;-3)\}$; on a les équivalences suivantes :

$$\left\|3\overrightarrow{MA}-5\overrightarrow{MB}\right\|=\left\|5\overrightarrow{MA}-3\overrightarrow{MB}\right\| \Leftrightarrow \left\|-2\overrightarrow{MG_1}\right\|=\left\|2\overrightarrow{MG_2}\right\| \Leftrightarrow 2MG_1=2MG_2$$
$$\Leftrightarrow MG_1=MG_2 .$$

M est donc équidistant des deux barycentres, l'ensemble cherché est le plan médiateur du segment $[G_1G_2]$.

On rappelle le théorème de réduction :
si $G=Bar\{(A;\alpha),(B;\beta)\}$ *alors* $\alpha\overrightarrow{MA}+\beta\overrightarrow{MB}=(\alpha+\beta)\overrightarrow{MG}$.

42. D. L'égalité $\left\|3\overrightarrow{MA}-5\overrightarrow{MB}\right\|=\left\|5\overrightarrow{MB}-3\overrightarrow{MA}\right\|$ est toujours vraie (un vecteur et son opposé ont même longueur/norme) : l'ensemble recherché est l'espace tout entier car tout point M vérifie cette égalité !

43. B. $\left\|3\overrightarrow{MA}-5\overrightarrow{MB}\right\|=\left\|2\overrightarrow{MA}-2\overrightarrow{MB}\right\| \Leftrightarrow \left\|-2\overrightarrow{MG_1}\right\|=\left\|2\overrightarrow{BA}\right\| \Leftrightarrow MG_1=AB$.
M est à la distance constante AB du point G_1 : l'ensemble cherché est la sphère de centre G_1 et de rayon AB.

44. C. $\left(3\overrightarrow{MA}-5\overrightarrow{MB}\right)\cdot\left(2\overrightarrow{MA}-2\overrightarrow{MB}\right)=0 \Leftrightarrow \left(-2\overrightarrow{MG_1}\right)\cdot 2\overrightarrow{BA}=0 \Leftrightarrow \overrightarrow{MG_1}\cdot\overrightarrow{AB}=0$.
$\overrightarrow{MG_1}$ et $\overrightarrow{AB}$ sont deux vecteurs orthogonaux.
L'ensemble cherché est le plan passant par G_1 et de vecteur normal $\overrightarrow{AB}$.

Une erreur grossière serait de penser qu'on se situe dans le plan.
Ici, on est dans l'espace !

■ Suites arithmétiques et géométriques

(u_n) est arithmétique vérifiant $u_3=-5$ et $u_6=40$ d'où en notant r sa raison : $3r=u_6-u_3=45$, soit $r=15$; par conséquent $u_0=u_3-45=-50$.
On en déduit la formule explicite : $u_n=15n-50$.

45. D. $u_3+u_4+\ldots+u_7=\dfrac{(-5+55)\times 5}{2}=125$.

46. D. $e^{u_3}e^{u_4}\ldots e^{u_7}=e^{u_3+u_4+\ldots+u_7}=e^{125}$.

Pour les suites arithmétiques, il est important de connaître la formule générale : $u_p - u_q = (p-q)r$.

En particulier, on sait que : $u_n = u_0 + nr$ *et* $u_n = u_1 + (n-1)r$.

La somme est donnée par la formule

$$\frac{\left(1^{er} \text{ terme} + \text{dernier terme}\right) \times \text{nombre de termes}}{2}.$$

Pensez à la cohérence de vos réponses. Ici on ne pouvait que répondre de la même façon aux questions 45 et 46 (ceci dit le lecteur optique qui lit vos réponses s'en fiche un peu...)

(u_n) est géométrique : $q^3 = \frac{u_6}{u_3} = -8$ d'où $q = -2$. Par ailleurs $u_0 = \frac{u_3}{q^3} = \frac{-5}{8}$ donne la formule explicite : $u_n = \frac{-5}{8} \times (-2)^n = -5 \times (-2)^{n-3}$.

47. A. $u_3 + u_4 + \ldots + u_7 = \frac{u_3 - u_8}{1-(-2)} = \frac{-5-160}{3} = -55$.

48. D. $\ln|u_3| + \ln|u_4| + \ldots + \ln|u_7| = \ln|u_3 \times u_4 \times \ldots \times u_7| = \ln(5 \times 10 \times 20 \times 40 \times 80)$.

Pour les suites géométriques, il est important de connaître la formule générale : $u_m = u_n \times q^{m-n}$.

En particulier, on sait que : $u_n = u_0 \times q^n$ *et* $u_n = u_1 \times q^{n-1}$.

La somme est donnée par la formule $1^{\text{er}} \text{ terme} \times \frac{1-q^{\text{nombre de termes}}}{1-q}$.

■ Dénombrement

Dans la trousse, 7 stylos : 1 bleu, 2 blancs, 4 rouges.

Le mot clé est l'expression « tirage simultané » qui renvoie directement à l'utilisation des combinaisons :

$$\binom{n}{p} = \frac{n(n-1)\ldots(n-p+1)}{p(p-1)\ldots2.1} = \frac{n!}{p!(n-p)!}.$$

49. C. La réponse est 4 : il n'y a qu'en tirant 3 stylos rouges qu'on obtiendra un tirage unicolore.

Après, reste à savoir lesquels parmi les quatre stylos sont tirés : $\binom{4}{3} = 4$.

50. B. Pour obtenir un tirage tricolore, il faut tirer 1 stylo bleu parmi 1, 1 stylo blanc parmi 2 et 1 stylo rouge parmi 4, ce qui nous donne :

$$\binom{1}{1}\times\binom{2}{1}\times\binom{4}{1}=1\times2\times4=8 \text{ possibilités.}$$

51. A. Pour obtenir un tirage bicolore, il faut tirer 1 bleu et 2 blancs, ou 1 bleu et 2 rouges, ou bien 2 blancs et 1 rouge, ou bien encore 1 blanc et 2 rouges, ce qui nous donne :

$$\binom{1}{1}\times\binom{2}{2}+\binom{1}{1}\times\binom{4}{2}+\binom{2}{2}\times\binom{4}{1}+\binom{2}{1}\times\binom{4}{2}=1\times1+1\times6+1\times4+2\times6=23.$$

On pouvait utiliser le complémentaire : il y a $\binom{7}{3}=\frac{7\times6\times5}{3\times2\times1}=35$ tirages possibles : tricolores, bicolores ou unicolores, il en restait donc 35 – 8 – 4 = 23.

52. B. Les tirages comportant plus de rouges que de blancs sont constitués ainsi : 1 bleu et 2 rouges, ou 1 blanc et 2 rouges, ou bien 3 rouges (en effet, il est impossible de ne tirer qu'un stylo rouge) :

$$\binom{1}{1}\times\binom{4}{2}+\binom{2}{1}\times\binom{4}{2}+\binom{4}{3}=1\times6+2\times6+4=22.$$

Attention à n'oublier aucun cas ! Après, il n'y a plus qu'à compter.

■ Variables aléatoires

53. C. Avant de démarrer notons bien que les deux tirages sont successifs et avec remise. La probabilité de tirer une voyelle est donc $\frac{1}{4}$ à chaque tirage, celle de tirer une consonne $\frac{3}{4}$. Ici, on cherche la probabilité de ne tirer aucune voyelle (donc de tirer deux consonnes) : $P(X=0)=\frac{3}{4}\times\frac{3}{4}=\frac{9}{16}$.

54. C. Pour Y les probabilités sont proportionnelles aux carrés alors, puisque $(-2)^2+1^2+3^2=14$ et que la somme des probabilités doit faire 1, on obtient :

$$P(Y=-2)=\frac{(-2)^2}{14}=\frac{4}{14}=\frac{2}{7},\quad P(Y=1)=\frac{1^2}{14}=\frac{1}{14},\quad P(Y=3)=\frac{3^2}{14}=\frac{9}{14}.$$

55. B. $\mathrm{E}(X)=0\times P(X=0)+1\times P(X=1)+2\times P(X=2)$

$$=0\times\frac{9}{16}+1\times2\times\frac{3}{4}\times\frac{1}{4}+2\times\frac{1}{4}\times\frac{1}{4}=\frac{6}{16}+\frac{2}{16}=\frac{1}{2}.$$

56. A. On peut commencer par noter que X et Y n'ont qu'une seule valeur commune : 1. Ainsi, $P(X=Y)=P([X=1]\cap[Y=1])$; ensuite, puisque X et Y sont indépendantes, alors : $P([X=1]\cap[Y=1])=P([X=1])\times P([Y=1])$.

Finalement : $P(X=Y)=P([X=1]\cap[Y=1])$

$$=P([X=1])\times P([Y=1])=\frac{6}{16}\times\frac{1}{14}=\frac{3}{8}\times\frac{1}{14}=\frac{3}{112}.$$

■ Analyse de courbes

57. A. $f\circ g(2)$ n'existe pas : g n'est pas définie en 2.

58. C. Raisonnons par élimination : les expressions proposées en A et C ne sont pas définies pour $x=-4$; l'expression proposée en D est celle d'une fonction décroissante alors que f est visiblement croissante.
On aurait pu aussi raisonner par composition mais c'était plus délicat, il faut connaître les transformations associées (translations et symétries) :

$$x\overset{+2}{\mapsto}x+2\overset{\times(-1)}{\mapsto}-x-2\overset{\sqrt{\ }}{\mapsto}\sqrt{-2-x}\overset{\times(-1)}{\mapsto}-\sqrt{-2-x}\overset{+1}{\mapsto}-\sqrt{-2-x}+1.$$

59. B. L'ensemble de définition de $f\circ g$ est l'ensemble des nombres réels x tels que $g(x)$ existe et tels que $f(g(x))$ existe. Pour commencer g n'est définie que sur $[-2\,;1]$. Ensuite, pour tout $x\in[-2\,;1]$, alors $g(x)\in[-2\,;2]$. Comme f est bien définie sur $[-2\,;2]$, alors $D_{f\circ g}=[-2\,;1]$.

60. D. $\lim\limits_{x\to-2}\frac{g(x)-g(-2)}{x+2}=g'(-2)$ si g est dérivable, ce qui est le cas, puisque C_g est une branche de parabole (elle admet une tangente en –2).
Cette limite existe et est finie.

Si f est une fonction dérivable en a, alors $\lim\limits_{x\to a}\frac{f(x)-f(a)}{x-a}=f'(a)$.

Calculatrice autorisée ; durée 4 heures.

Problème

Le problème examine différents aspects de l'utilisation d'un ensemble de fonctions introduit dans la partie III et motivé dans la partie II. À ce fil conducteur près, on peut considérer les parties comme indépendantes, mais les résultats de la partie I sont utiles dans la partie II.

I. Des arcs d'hyperboles

À tout réel m élément du segment [0, 1], on associe la fonction f_m définie sur l'intervalle [0, 1[par $f_m(x)=\dfrac{m}{1-x}$ et la fonction g_m définie sur l'intervalle]0, 1] par : $g_m(x)=1-\dfrac{m}{x}$.

1. Quel est le sens de variation de chacune des fonctions f_m et g_m ?

2. Résoudre les équations $f_m(x)=1$ et $g_m(x)=0$.

3. Pour quelles valeurs du réel m l'équation $g_m(x)=f_m(x)$ a-t-elle des solutions ?

4. Représenter sur un même graphique les fonctions f_m et g_m. On distinguera plusieurs cas, selon le nombre de solutions de l'équation précédente, et on fera une figure illustrant chaque cas.

II. Des lignes de niveau

Dans le plan rapporté à un repère orthonormé $(O\,;\vec{i},\vec{j})$, on considère le carré unité OIDJ. Pour chaque point M de coordonnées (x, y) intérieur au carré, les parallèles aux axes du repère déterminent quatre rectangles marqués R_1, R_2, R_3 et R_4.

1. Exprimer, en fonction des coordonnées de M, les aires des rectangles R_1, R_2, R_3 et R_4.

2. On note $A(x, y)$ la plus grande des aires obtenues. Pourquoi est-on assuré que $\dfrac{1}{4}\leq A(x, y)\leq 1$?

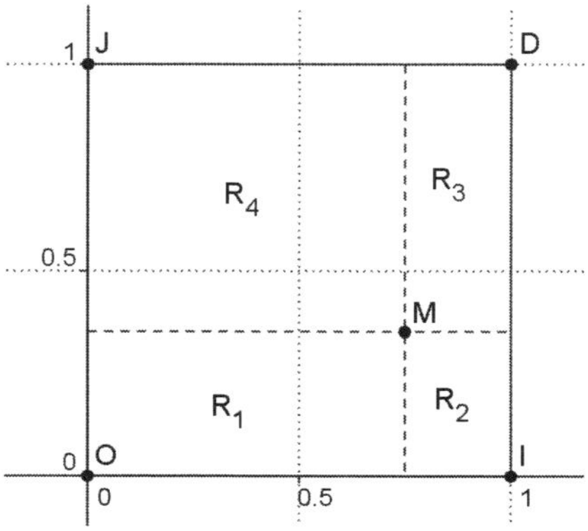

3. Montrer que, pour tout couple (x, y) de réels de l'intervalle [0 ; 1], $A(x, y) = A(y, x)$.

4. Résoudre dans [0, 1] l'inéquation $t \geq 1 - t$. En déduire une expression explicite de $A(x, y)$ en fonction de x et y (on distinguera quatre cas).

5. Pour tout réel m du segment $\left[\frac{1}{4} ; 1\right]$, on note L_m la ligne de niveau m de l'application A c'est-à-dire l'ensemble des points M dont les coordonnées x et y vérifient $A(x, y) = m$.

5. a. Déterminer, en utilisant la distinction en quatre cas précédente, une équation de la ligne de niveau L_m.

5. b. Tracer sur un même graphique les lignes de niveau $\frac{3}{4}$, $\frac{1}{2}$ et $\frac{1}{4}$.

■ III. Étude d'un ensemble de fonctions affines par morceaux

Pour tout couple (t, x) de réels compris entre 0 et 1, on pose :

$$K(t, x) = x(1 - t) \text{ si } x \leq t,$$

$$K(t, x) = t(1 - x) \text{ si } x > t.$$

1. Résoudre l'équation $K(t, x) = 0$.

2. On donne un réel t appartenant à l'intervalle [0 ; 1].

2. a. Étudier la fonction k_t définie sur [0 ; 1] par : $k_t(x) = K(t, x)$.

2. b. Montrer que la fonction k_t présente un maximum.

3. En déduire qu'il existe un couple (t_0, x_0) de réels compris entre 0 et 1 tel que, pour tout couple (t, x) de réels compris entre 0 et 1, on ait :

$$K(t_0, x_0) \geq K(t, x).$$

■ IV. Un noyau pour transformer des fonctions

Dans cette partie, la fonction K, composée d'une certaine manière avec des fonctions, permet de leur associer d'autres fonctions. On reprend la notation de la partie III et, à toute fonction f définie et continue sur le segment [0, 1], on associe la fonction $\widehat{f}$, définie sur [0 ; 1] par :

$$\widehat{f}(t)=\int_0^1 K(t,x)f(x)dx=\int_0^1 k_t(x)f(x)dx.$$

1. Montrer que : $\int_0^1 K(t,x)dx=\int_0^t(1-t)xdx+\int_t^1 t(1-x)dx$.

Calculer $h(t)=\int_0^1 K(t,x)dx$ (on pourra interpréter $h(t)$ comme une aire).

2. On appelle s la fonction définie sur [0 ; 1] par : $s(x)=\sin(2\pi x)$.

Déterminer la fonction $\hat{s}$ (on pourra utiliser le procédé d'intégrations par parties).

On note E l'ensemble des fonctions définies et continues sur [0 ; 1] et prenant la valeur 0 en 0 et 1.

3. Montrer que, pour toute fonction g appartenant à E, on a aussi $\hat{g}(0)=\hat{g}(1)=0$.

4. Montrer que, pour toute fonction f appartenant à E, la fonction $\widehat{f}$ admet une dérivée seconde. Exprimer $\left(\widehat{f}\right)''$ en fonction de f.

5. Soit g une fonction appartenant à E. Déterminer les solutions de l'équation différentielle $f''=g$ appartenant elles aussi à E. Combien y en a-t-il ?

■ V. Et pour construire une suite

Soit t un réel donné dans l'intervalle]0, 1[. On considère la suite (x_n) définie par son premier terme $x_n = t$ et les relations de récurrence :

$$\forall n\in\mathbb{N},\begin{cases}x_{2n+1}=t(1-x_{2n}),\\ x_{2n+2}=(1-t)x_{2n+1}.\end{cases}$$

1. On pose, pour tout entier n, $y_n=x_{2n+1}$. Exprimer y_{n+1} en fonction de y_n.
Prouver l'existence de deux nombres réels α et β tels que, pour tout entier naturel n, on puisse écrire : $y_{n+1}-\beta=\alpha(y_n-\beta)$.

2. La suite (y_n) est-elle convergente ? Justifier la réponse.

3. On pose, de la même manière, pour tout entier naturel n, $z_n=x_{2n}$.
La suite (z_n) est-elle convergente ? Justifier la réponse.

4. La suite (x_n) est-elle convergente ? Justifier la réponse.

Un peu de stratégie

Le sujet est long et difficile. Il faut donc s'accrocher. Rappelez-vous que c'est un concours. Extrêmement rares seront les candidats qui iront jusqu'au bout. Le but du jeu est d'en faire le maximum et de manière correcte. Alors comme les parties sont « indépendantes », choisissez les bien !
Pensez aussi que la calculatrice est autorisée, sachez l'utiliser intelligemment bien que le problème ne s'y prête pas tellement...

I. Des arcs d'hyperbole

On rappelle que pour $m \in [0;1[$, $f_m(x) = \dfrac{m}{1-x}$ est définie sur $[0;1[$, et $g_m(x) = 1 - \dfrac{m}{x}$ est définie sur $]0;1]$.

1. Les fonctions f_m et g_m sont des fonctions homographiques continues et dérivables sur leurs ensembles de définition.
On a $f_m'(x) = -\dfrac{m}{(1-x)^2} \times (-1) = \dfrac{m}{(1-x)^2} \geq 0$ et $g_m'(x) = \dfrac{m}{x^2} \geq 0$.
Ainsi, les fonctions f_m et g_m sont toutes deux croissantes sur leurs ensembles de définition.

2. $f_m(x) = 1 \Leftrightarrow \dfrac{m}{1-x} = 1 \Leftrightarrow 1 - x = m \Leftrightarrow x = 1 - m$ donc $S_{f=1} = \{1-m\}$;

$g_m(x) = 0 \Leftrightarrow 1 - \dfrac{m}{x} = 0 \Leftrightarrow \dfrac{m}{x} = 1 \Leftrightarrow x = m$ donc $S_{g=0} = \{m\}$.

3. $f_m(x) = g_m(x) \Leftrightarrow \dfrac{m}{1-x} = 1 - \dfrac{m}{x} \Leftrightarrow \dfrac{m}{1-x} = \dfrac{x-m}{x} \Leftrightarrow mx = (1-x)(x-m)$

$$\Leftrightarrow \cancel{mx} = x - m - x^2 + \cancel{mx} \Leftrightarrow x^2 - x + m = 0.$$

On calcule le discriminant de cette équation du second degré :
$\Delta = (-1)^2 - 4 \times 1 \times m = 1 - 4m$. L'équation a une solution (au moins) si, et seulement si, $\Delta \geq 0$, c'est-à-dire : $m \leq \dfrac{1}{4}$.

4. Pour bien comprendre les graphiques ci-dessous, on a tracé en trait continu la courbe de f et en pointillés la courbe de g.

<table>
<tr>
<td>m = 0,15 : les deux courbes ont bien deux points d'intersection.
L'équation $f_m(x) = g_m(x)$ a deux solutions (on est dans le cas $m < \frac{1}{4}$).</td>
<td>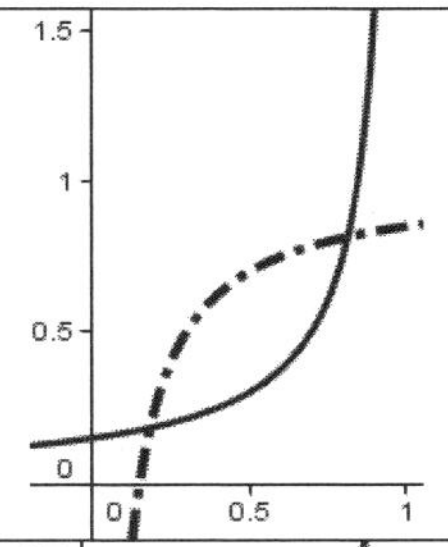</td>
</tr>
<tr>
<td>m = 0,25 : les deux courbes ont un seul point d'intersection.
L'équation $f_m(x) = g_m(x)$ a une seule solution (on est bien dans le cas particulier où $m = \frac{1}{4}$).</td>
<td>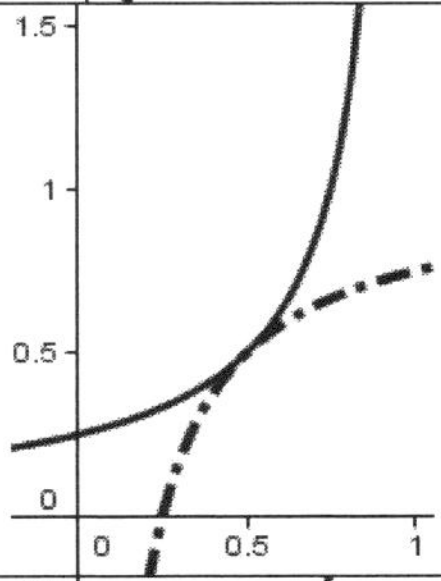</td>
</tr>
<tr>
<td>m = 0,4 : les deux courbes n'ont aucun point d'intersection.
L'équation $f_m(x) = g_m(x)$ n'a aucune solution (cette fois, on est dans le cas où $m > \frac{1}{4}$).</td>
<td>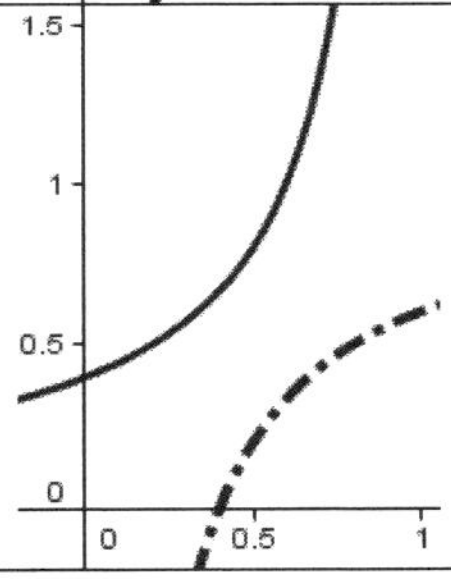</td>
</tr>
</table>

■ II. Des lignes de niveau

1. Rappelons que l'aire d'un rectangle est donnée par la formule : $A_{rect} = L \times l$.

Ainsi, le rectangle R_1 (inférieur gauche) a pour aire $A_{R_1} = xy$;

le rectangle R_2 (inférieur droit) a pour aire $A_{R_2} = (1-x)y$;

le rectangle R_3 (supérieur droit) a pour aire $A_{R_3} = (1-x)(1-y)$;

le rectangle R_4 (supérieur gauche) a pour aire $A_{R_4} = x(1-y)$.

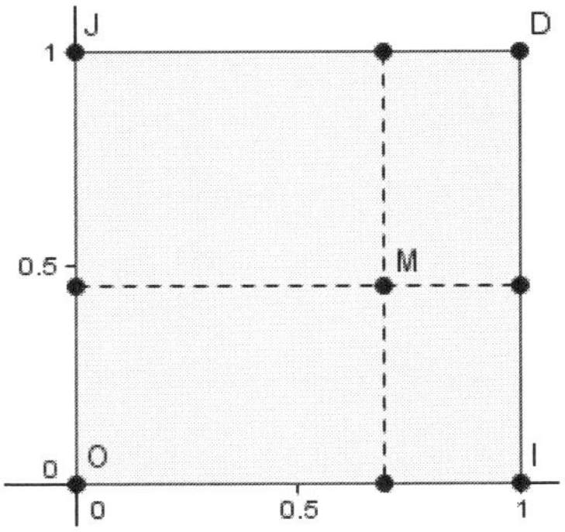

2. Soit $A(x\,;y)$, la plus grande des aires obtenues. Comme $A(x\,;y)$ est l'aire d'un rectangle inclus dans le carré *OIDJ*, alors, $A(x\,;y) \leq A_{OIDJ} = 1$.

De plus, comme les quatre rectangles composent le carré *OIDJ*, l'aire du plus grand ne peut être inférieure au quart de l'aire du carré donc $A(x\,;y)\geq\frac{1}{4}A_{OIDJ}=\frac{1}{4}$. En conclusion : $\frac{1}{4}\leq A(x\,;y)\leq 1$.

3. Étant donné que la « longueur » et la « largeur » jouent des rôles symétriques dans la formule de l'aire d'un rectangle ($A_{rect}=L\times l$ mais aussi $A_{rect}=l\times L$), alors on a bien $A(x\,;y)=A(y\,;x)$.

4. L'inéquation $t\geq 1-t$ a pour solution $\left[\frac{1}{2};1\right]$. On en déduit les quatre cas :

	$x<\frac{1}{2}$	$x\geq\frac{1}{2}$
$y<\frac{1}{2}$	R_3 (rectangle supérieur droit) est le rectangle d'aire maximale : $A(x\,;y)=A_{R_3}=(1-x)(1-y)$	R_4 (rectangle supérieur gauche) est le rectangle d'aire maximale : $A(x\,;y)=A_{R_4}=x(1-y)$
$y\geq\frac{1}{2}$	R_2 (rectangle inférieur droit) est le rectangle d'aire maximale : $A(x\,;y)=A_{R_2}=(1-x)y$	R_1 (rectangle inférieur gauche) est le rectangle d'aire maximale : $A(x\,;y)=A_{R_1}=xy$

5. a. Cherchons une équation de la ligne de niveau $A(x\,;y)=m$. On refait un tableau « calqué » sur le modèle précédent :

	$x<\frac{1}{2}$	$x\geq\frac{1}{2}$
$y<\frac{1}{2}$	$A(x\,;y)=m\Leftrightarrow(1-x)(1-y)=m$ $\Leftrightarrow 1-y=\frac{m}{1-x}\Leftrightarrow y=\frac{m}{x-1}+1$.	$A(x\,;y)=m\Leftrightarrow x(1-y)=m$ $\Leftrightarrow 1-y=\frac{m}{x}\Leftrightarrow y=1-\frac{m}{x}$.
$y\geq\frac{1}{2}$	$A(x\,;y)=m\Leftrightarrow(1-x)y=m\Leftrightarrow$ $y=\frac{m}{1-x}$.	$A(x\,;y)=m\Leftrightarrow xy=m\Leftrightarrow$ $y=\frac{m}{x}$.

5. b. Voici les représentations de L_m. Il s'agit à chaque fois de la courbe d'une fonction définie par morceaux sur $\left[0\,;\frac{1}{2}\right]$ et sur $\left[\frac{1}{2};1\right]$. Après il reste à choisir sur chaque intervalle « la plus grande » des deux fonctions :

sur $\left[0\,;\frac{1}{2}\right]$ il faut choisir entre la courbe de $x\mapsto\frac{m}{x-1}+1$ et celle de $x\mapsto\frac{m}{1-x}$,

sur $\left[\frac{1}{2};1\right]$ il faut choisir entre la courbe de $x\mapsto 1-\frac{m}{x}$ et celle de $x\mapsto\frac{m}{x}$.

$m=\frac{1}{4}$	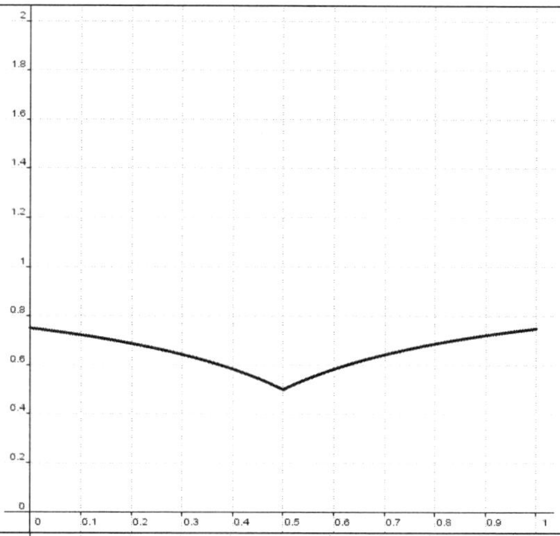
$m=\frac{1}{2}$	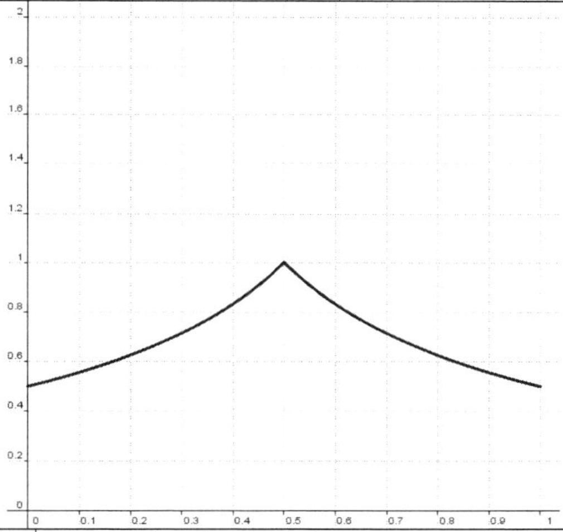
$m=\frac{3}{4}$	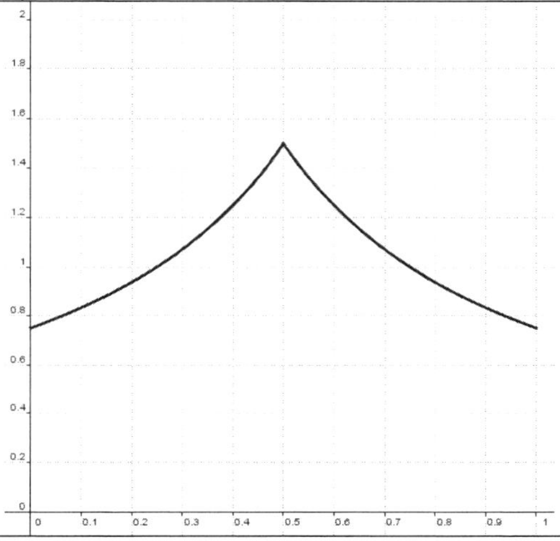

■ III. Étude d'un ensemble de fonctions affines par morceaux

1. $K(t\,;x)=0 \Leftrightarrow \left[x(1-t)=0 \text{ si } x\leq t\right]$ ou $\left[t(1-x)=0 \text{ si } x>t\right]$.

	$t<1$	$t=1$
$x\leq t$	$K(t\,;x)=0 \Leftrightarrow x\underbrace{(1-t)}_{\neq 0}=0 \Leftrightarrow$ $x=0$.	$K(t\,;x)=0 \Leftrightarrow x\underbrace{(1-t)}_{=0}=0 \Leftrightarrow$ x quelconque.
$x>t$	$K(t\,;x)=0 \Leftrightarrow t\underbrace{(1-x)}_{\neq 0 \text{ si } x<1}=0 \Leftrightarrow$ $t=0$. Et si $x=1$, t quelconque.	$K(t\,;x)=0 \Leftrightarrow \underbrace{t}_{=1}(1-x)=0 \Leftrightarrow x=1$.

En résumé les couples solutions sont :

les couples $(t\,;0)$ où $t\in[0\,;1[$;

les couples $(1\,;x)$ où $x\in[0\,;1]$;

les couples $(0\,;x)$ où $x\in[0\,;1[$ et les couples $(t\,;1)$ où $t\in[0\,;1]$;

le couple $(1\,;1)$ (qu'on pouvait déduire du cas précédent).

2. a. Soit t compris entre 0 et 1. On pose, $k_t(x)=K(t\,;x)$, c'est une fonction dépendant de la variable x.

Ainsi, $\begin{cases} k_t(x)=(1-t)x & \text{sur l'intervalle } [0\,;t] \\ k_t(x)=-tx+t & \text{sur l'intervalle }]t\,;1] \end{cases}$. k_t est donc une fonction linéaire sur $[0\,;t]$ et affine sur $]t\,;1]$.

On dit qu'elle est *affine par morceaux.*

t	0		t		1
k_t			$t-t^2$		
		↗		↘	
	0				0

Puisque $t\in[0\,;1]$, le coefficient directeur $(1-t)$ est positif et la fonction k_t est croissante sur $[0\,;t]$.

De même, $-t\leq 0$, le coefficient directeur est négatif et la fonction k_t est décroissante sur $]t\,;1]$.

On a le tableau de variations ci-contre.

b. D'après le tableau précédent, la fonction k_t présente bien un maximum égal à $t-t^2$ en $x=t$.

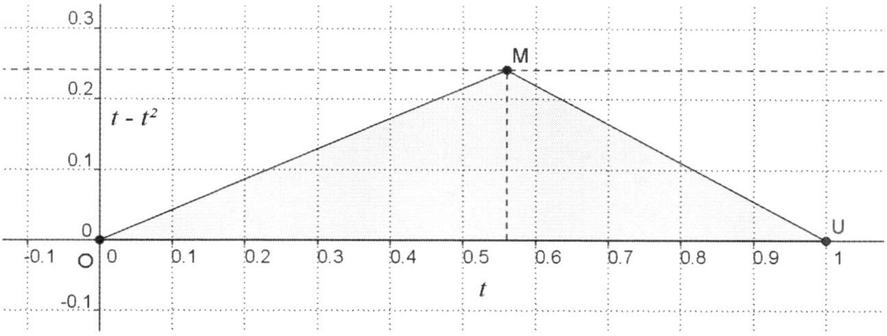

3. On déduit de ce qui précède que $K(t\,;x)=k_t(x)\leq k_t(t)=t-t^2$ pour tout $x\in[0\,;1]$.

Or la fonction $\varphi : t\mapsto t-t^2$ est majorée par $\frac{1}{4}$ (puisque c'est une fonction polynôme du second degré, dont l'étude est laissée à vos soins). Or, puisque $K\left(\frac{1}{2}\,;\frac{1}{2}\right)=\frac{1}{4}$, ce majorant est atteint, c'est un maximum.

En conclusion, il existe le couple $(t_0\,;x_0)=\left(\frac{1}{2}\,;\frac{1}{2}\right)$ tel que pour tout couple $(t\,;x)\in[0\,;1]^2$, $K(t\,;x)\leq K(t_0\,;x_0)$.

■ IV. Un noyau pour transformer des fonctions

En réalité, dans cette partie on va parler d'une fonction de fonctions. En clair, à une fonction *f*, on va associer une nouvelle fonction $\widehat{f}$. Et cette nouvelle fonction est définie par :

$$\widehat{f}(t)=\int_0^1 K(t\,;x)f(x)dx=\int_0^1 k_t(x)f(x)dx.$$

1. $\int_0^1 K(t\,;x)dx=\int_0^t K(t\,;x)dx+\int_t^1 K(t\,;x)dx$ par la relation de Chasles ;

$$=\int_0^t \underbrace{K(t\,;x)}_{=x(1-t)}dx+\int_t^1 \underbrace{K(t\,;x)}_{=t(1-x)}dx$$

d'après la définition de *K* donnée à la partie III ;

$$\int_0^1 K(t\,;x)dx=\int_0^t (1-t)x+\int_t^1 t(1-x)dx.$$

On en déduit par le calcul que :

■ Corrigé

$$h(t)=\int_0^1 K(t\,;x)\,dx=\int_0^t \underbrace{(1-t)}_{\text{indépendant de } x} x\,dx+\int_t^1 \underbrace{t}_{\text{indépendant de } x}(1-x)\,dx$$

$$=(1-t)\int_0^t x\,dx+t\int_t^1(1-x)\,dx=(1-t)\left[\frac{x^2}{2}\right]_0^t+t\left[x-\frac{x^2}{2}\right]_t^1$$

$$=(1-t)\frac{t^2}{2}+t\left[1-\frac{1}{2}\right]-t\left[t-\frac{t^2}{2}\right]=\frac{t^2}{2}-\frac{t^3}{2}+\frac{t}{2}-t^2+\frac{t^3}{2}=\frac{t-t^2}{2}.$$

Conclusion : $h(t)=\dfrac{t-t^2}{2}$.

Remarquez que l'on pouvait interpréter cette intégrale (aire entre la courbe et l'axe des abscisses) comme l'aire du triangle OUM de la figure précédente :

$$h(t)=\frac{Base\times hauteur}{2}=\frac{1\times\left(t-t^2\right)}{2}=\frac{t-t^2}{2}.$$

2. Soit $s(x)=\sin(2\pi x)$.

On fait une intégration par parties dans chaque intégrale suivante :

$$\hat{s}(t)=\int_0^1 k_t(x)s(x)\,dx=\int_0^t(1-t)x\sin(2\pi x)\,dx+\int_t^1 t(1-x)\sin(2\pi x)\,dx$$

$$=\underbrace{(1-t)}_{\text{indép. de } x}\int_0^t \underbrace{x}_{=u}\underbrace{\sin(2\pi x)}_{=v'}\,dx+\underbrace{t}_{\text{indép. de } x}\int_t^1\underbrace{(1-x)}_{=a}\underbrace{\sin(2\pi x)}_{=b'}\,dx$$

$$=(1-t)\left[\frac{-t\cos(2\pi t)}{2\pi}\right]+\frac{(1-t)}{2\pi}\left[\frac{\sin(2\pi x)}{2\pi}\right]_0^t$$

$$+t\left[\frac{(1-t)\cos(2\pi t)}{2\pi}\right]+\frac{t}{2\pi}\left[\frac{\sin(2\pi x)}{2\pi}\right]_0^t=\frac{\sin(2\pi t)}{4\pi^2}.$$

Conclusion : pour tout t compris entre 0 et 1, on a : $\hat{s}(t)=\dfrac{\sin(2\pi t)}{4\pi^2}$.

3. On note E l'ensemble des fonctions définies et continues sur $[0\,;1]$ et prenant la valeur 0 en 0 et en 1.

Soit g une fonction dans E : on a bien $\hat{g}(0)=0$ et $\hat{g}(1)=0$. En effet :

$$\hat{g}(0)=\int_0^1 k_0(x)g(x)\,dx=\underbrace{\int_0^{t=0}(1-0)xg(x)\,dx}_{=0}+\int_{t=0}^1 0\underbrace{(1-x)g(x)}_{=0}\,dx=0,$$

$$\hat{g}(1)=\int_0^1 k_1(x)g(x)\,dx=\int_0^{t=1}\underbrace{(1-1)xg(x)}_{=0}\,dx+\underbrace{\int_{t=1}^1 1(1-x)g(x)\,dx}_{=0}=0.$$

4. On a $\widehat{f}(t)=\underbrace{\int_0^t x(1-t)f(x)dx}_{=u(t)}+\underbrace{\int_t^1 t(1-x)f(x)dx}_{=v(t)}$.

$u(t)=(1-t)\int_0^t xf(x)dx$ peut se dériver comme un produit de fonctions, ce qui donne (la dérivée de l'intégrale est la fonction…) :

$$u'(t)=-\int_0^t xf(x)dx+(1-t)tf(t)=-\int_0^t xf(x)dx+tf(t)-t^2f(t)\ ;$$

de même on a $v(t)=-t\int_1^t(1-x)f(x)dx$, soit :

$$v'(t)=-\int_1^t(1-x)f(x)dx-t(1-t)f(t)=-\int_1^t(1-x)f(x)dx-tf(t)+t^2f(t).$$

Ainsi $u'(t)+v'(t)=-\int_0^t xf(x)dx-\int_1^t(1-x)f(x)dx$ puis en dérivant une seconde fois, $\widehat{f}''(t)=-tf(t)-(1-t)f(t)=-f(t)$.

En conclusion $\widehat{f}$ admet bien une dérivée seconde et on a : $\widehat{f}''=-f$.

5. $f''=g\Leftrightarrow f''=-\widehat{g}''\Leftrightarrow\left(f+\widehat{g}\right)''=0$.

Cette dernière condition équivaut à dire que $f+\widehat{g}$ est une fonction affine, donc $f(t)=-\widehat{g}(t)+at+b$.

Comme $f,g\in\mathrm{E}$, on a en évaluant en 0 et 1, $b=0$ et $a=0$. L'unique solution dans E est donc $-\widehat{g}$.

■ V. Et pour construire une suite

Soit $t\in]0\,;1[$, $x_0=t$ et $\forall n\in\mathbb{N},\begin{cases}x_{2n+1}=t\left(1-x_{2n}\right)\\x_{2n+2}=(1-t)x_{2n+1}\end{cases}$.

1. $y_n=x_{2n+1}$; on obtient alors $y_{n+1}=t-t(1-t)y_n$ car

$$\begin{aligned}y_{n+1}=x_{2(n+1)+1}&=t\left(1-x_{2(n+1)}\right)=t\left(1-x_{2n+2}\right)\\&=t\left(1-(1-t)x_{2n+1}\right)=t\left(1-(1-t)y_n\right)=t-t(1-t)y_n.\end{aligned}$$

Dans un premier temps, supposons que de tels α et β existent. Alors nécessairement :

$$y_{n+1}-\beta=\alpha\left(y_n-\beta\right)\Leftrightarrow y_{n+1}=\alpha\left(y_n-\beta\right)+\beta\Leftrightarrow y_{n+1}=\underbrace{\beta-\alpha\beta}_{=t}+\underbrace{\alpha}_{=-t(1-t)}y_n.$$

Par identification, $\begin{cases}\alpha=-t(1-t)\\\beta=\dfrac{t}{1-\alpha}=\dfrac{t}{1+t-t^2}\end{cases}$: il n'y a pas de problème de définition pour β car, les deux racines de $1+t-t^2$ ne sont pas entre 0 et 1.

Réciproquement, $\alpha=-t(1-t)$ et $\beta=\dfrac{t}{1+t-t^2}$ conviennent. L'existence est ainsi démontrée.

2. Dans un premier temps, on peut montrer par récurrence que $|y_n-\beta|=|\alpha|^n|y_0-\beta|$, en utilisant la relation de la question précédente.

Ensuite, puisque $t\in]0;1[$, alors, $|\alpha|=t(1-t)\in]0;1[$. Ainsi, $|\alpha|^n\underset{n\to+\infty}{\to}0$.

On en déduit que $|y_n-\beta|\underset{n\to+\infty}{\to}0$, c'est-à-dire que la suite (y_n) converge vers $\beta=\dfrac{t}{1+t-t^2}$.

3. En suivant le même raisonnement qu'au 1. on a $z_{n+1}=t(1-t)-t(1-t)z_n$, soit :

$$\begin{aligned}z_{n+1}&=x_{2(n+1)}=x_{2n+2}=(1-t)x_{2n+1}\\&=(1-t)t(1-x_{2n})=t(1-t)-t(1-t)x_{2n}=t(1-t)-t(1-t)z_n.\end{aligned}$$

Dans un premier temps, supposons l'existence de réels α' et β' tels que :

$$z_{n+1}-\beta'=\alpha'(z_n-\beta')\Leftrightarrow z_{n+1}=\alpha'(z_n-\beta')+\beta'\Leftrightarrow z_{n+1}=\underbrace{\beta'-\alpha'\beta'}_{=t(1-t)}+\underbrace{\alpha'}_{=-t(1-t)}z_n.$$

Par identification, $\begin{cases}\alpha'=-t(1-t)\\ \beta'=\dfrac{t(1-t)}{1-\alpha'}=\dfrac{t(1-t)}{1+t-t^2}\end{cases}$; pas de problème de définition pour β' car, les deux racines de $1+t-t^2$ ne sont pas entre 0 et 1. Réciproquement, $\alpha'=-t(1-t)$ et $\beta'=\dfrac{t(1-t)}{1+t-t^2}$ conviennent ; l'existence est démontrée.

Comme à la question 2., on peut montrer par récurrence que $|z_n-\beta'|=|\alpha'|^n|z_0-\beta'|$, en utilisant la relation de la question précédente.

Ensuite, puisque $t\in]0;1[$, alors, $|\alpha'|=t(1-t)\in]0;1[$, soit $|\alpha'|^n\underset{n\to+\infty}{\to}0$.

On en déduit que $|z_n-\beta'|\underset{n\to+\infty}{\to}0$, la suite (z_n) converge vers $\beta'=\dfrac{t(1-t)}{1+t-t^2}$.

4. NON ! Si effectivement, les suites de rangs pairs et de rangs impairs convergent, leurs deux limites respectives $\beta=\dfrac{t}{1+t-t^2}$ et $\beta'=\dfrac{t(1-t)}{1+t-t^2}$ sont différentes. On peut donc affirmer que la suite (x_n) est divergente.

Quatre exercices à choisir sur les cinq proposés :

- *les numéros 1 et 2 sont obligatoires,*
- *il suffit de choisir deux autres exercices parmi les numéros 3, 4 et 5.*

Les quatre exercices peuvent être traités dans n'importe quel ordre.

■ Exercice 1 (obligatoire)

Soit k un réel strictement positif et f_k la fonction définie sur $\mathbb{R}$ par : $f_k(x) = e^{-kx^2}$.

1. Étudier la parité de la fonction f_k.

2. Étudier les variations de la fonction f_k et dresser son tableau de variation.

3. Déterminer la dérivée seconde f_k'' et résoudre l'équation $f_k''(x) = 0$.

4. Démontrer que, quels que soient les réels strictement positifs h et k, on a : $f_k \leq f_h$ si, et seulement si, $h \leq k$.

5. On prend $k = \dfrac{1}{2}$.

On désigne par α la solution positive de l'équation $f_{\frac{1}{2}}''(x) = 0$.

Déterminer une équation de la tangente T à la courbe représentative de $f_{\frac{1}{2}}$ au point d'abscisse α.

■ Exercice 2 (obligatoire)

1. Déterminer la forme trigonométrique du nombre complexe : $4\sqrt{2}(-1+i)$.

2. Trois nombres complexes ont pour produit $4\sqrt{2}(-1+i)$. Leurs modules sont en progression géométrique de raison 2 et leurs arguments sont en progression arithmétique de raison $\dfrac{\pi}{4}$.

On note z_1, z_2 et z_3 ces trois nombres où la numérotation respecte l'ordre des modules.

Sachant que z_1 a un argument compris entre $\dfrac{\pi}{2}$ et π, déterminer le module et un argument de chacun des trois nombres complexes z_1, z_2 et z_3.

3. Construire les images M_1, M_2 et M_3 des nombres complexes z_1, z_2 et z_3 dans le plan complexe.

Exercice 3

Dans chacune des questions suivantes, on demande de donner **sans justification** un exemple de fonction f définie sur l'intervalle donné et possédant la propriété demandée.

1. La fonction f est définie et dérivable sur $\mathbb{R}$, le nombre dérivé de f en 0 est nul, mais f n'admet pas d'extremum en 0.

2. La fonction f est définie et dérivable sur $\mathbb{R}$, elle admet un maximum et un minimum sur l'intervalle [1 ; 2], mais pour tout x de [1 ; 2], on a $f'(x) \neq 0$.

3. La fonction f est définie sur $\mathbb{R}$ et n'a pas de limite en $+\infty$.

4. La fonction f est définie et continue sur $]0\,;+\infty[$ et n'a pas de limite en 0.

Exercice 4

Un fumeur souhaite réduire sa consommation de tabac. Suite à de premières observations, on constate que :

- s'il reste un jour sans fumer, il a 40 % de chances de fumer le lendemain ;
- s'il cède et fume un jour, il a 20 % de chances de fumer le lendemain.

On désigne par p_n la probabilité qu'il fume le n-ième jour.

1. Exprimer p_{n+1} en fonction de p_n.

2. Pour tout entier n, on pose $q_n = p_n - \frac{1}{3}$. Quelle est la nature de la suite (q_n) ?

3. Déterminer la limite de p_n. Que peut-on en conclure ?

Exercice 5

Dans un repère orthonormal $(O\,;\vec{i},\vec{j})$, on désigne par Γ la courbe représentative de la fonction logarithme népérien. Soient A et B les points de Γ d'abscisses respectives 2 et 8.

À tout réel m de l'intervalle [2 ; 8], on associe le point M d'abscisse m et on note T_m la tangente à Γ au point M.

1. Construire une figure à main levée.

2. Expliquer pourquoi déterminer m tel que l'aire du triangle AMB soit maximale revient à déterminer m tel que la distance de M à la droite (AB) soit maximale.

3. Déterminer m tel que l'aire du triangle AMB soit maximale.

Un peu de stratégie

Les exercices proposés sont moyennement difficiles mais demandent pas mal d'autonomie. Lisez le sujet en entier pour déterminer rapidement les exercices que vous allez faire (et ne changez pas d'avis en cours d'exercice...) ; commencez par les questions qui vous semblent les plus faciles et si vous bloquez sur une question plus de 5 minutes, n'insistez pas et passez à la suite, quitte à revenir dessus plus tard.
Essayez d'être rigoureux, le jury appréciera la différence avec des copies où l'argumentation est faible.

Exercice 1

On rappelle que pour $k>0$, $f_k(x)=e^{-kx^2}=e^u$ définie sur $\mathbb{R}$.

1. Pour commencer, son ensemble de définition est bien symétrique par rapport à 0.
Ensuite, $f_k(-x)=e^{-k(-x)^2}=e^{-kx^2}=f_k(x)$. Donc f est une fonction paire.

2. Puisque f_k est dérivable, alors on obtient en dérivant la composée :
$f_k'(x)=e^u\times u'=-2kx\underbrace{e^{-kx^2}}_{>0}$. De plus, $\lim\limits_{x\to+\infty} f_k(x)=0$ car $\lim\limits_{x\to+\infty} -kx^2=-\infty$ et par parité, $\lim\limits_{x\to-\infty} f_k(x)=0$. Au final, on a :

x	$-\infty$		0		$+\infty$
$-2kx$		$+$	0	$-$	
$f_k'(x)$		$+$	0	$-$	
f_k	0	↗	1	↘	0

f_k est strictement croissante sur $]-\infty\,;0]$ et strictement décroissante sur $[0\,;+\infty[$.

3. $f_k'(x)=-2kx\times e^{-kx^2}=u\times v$ d'où
$f_k''(x)=u'v+v'u=-2k\times e^{-kx^2}+\left(-2kxe^{-kx^2}\right)\times(-2kx)=2ke^{-kx^2}\left(2kx^2-1\right)$;

$f_k''(x)=0 \Leftrightarrow \underbrace{2k}_{>0}\underbrace{e^{-kx^2}}_{>0}(2kx^2-1)=0 \Leftrightarrow 2kx^2-1=0 \Leftrightarrow x^2=\frac{1}{2k} \Leftrightarrow x=\pm\sqrt{\frac{1}{2k}}$:

$\sqrt{\frac{1}{2k}}$ et $-\sqrt{\frac{1}{2k}}$ sont les deux solutions de l'équation $f_k''(x)=0$.

4. Soient deux réels strictement positifs h et k.

$f_k \le f_h \Leftrightarrow \forall x\in\mathbb{R}, f_k(x)\le f_h(x)$, par définition ;

$\Leftrightarrow \forall x\in\mathbb{R}, e^{-kx^2}\le e^{-hx^2}$, par définition à nouveau ;

$\Leftrightarrow \forall x\in\mathbb{R}, -kx^2\le -hx^2$, car la fonction exponentielle est strictement croissante ;

$\Leftrightarrow \forall x\in\mathbb{R}, kx^2\ge hx^2$, en multipliant par -1 ;

$\Leftrightarrow k\ge h$, en divisant par $x^2>0$ si $x\neq 0$ et l'inégalité reste vérifiée lorsque $x = 0$. En conclusion $f_k\le f_h$ si, et seulement si, $h\le k$.

5. En fixant $k=\frac{1}{2}$, alors $\alpha=\sqrt{\frac{1}{2\times {}^1\!/_2}}=1$. Une équation de la tangente à la courbe représentative de $f_{\frac{1}{2}}$ en 1 est : $y=f_{1/2}'(1)(x-1)+f_{1/2}(1)$.

Or $f_{1/2}(1)=e^{-\frac{1}{2}}=\frac{1}{\sqrt{e}}$ et $f_{1/2}'(1)=-2\frac{1}{2}\times e^{-\frac{1}{2}}=-\frac{1}{\sqrt{e}}$; l'équation réduite de la tangente est $y=-\frac{1}{\sqrt{e}}(x-1)+\frac{1}{\sqrt{e}}=\frac{1}{\sqrt{e}}(-x+2)$.

■ Exercice 2

1. On a : $Z=4\sqrt{2}(-1+i)=4\sqrt{2}\times\sqrt{2}\left(-\frac{\sqrt{2}}{2}+i\frac{\sqrt{2}}{2}\right)$

$$=4\times 2\left(\cos\frac{3\pi}{4}+i\sin\frac{3\pi}{4}\right)=8\left(\cos\frac{3\pi}{4}+i\sin\frac{3\pi}{4}\right).$$

2. On peut noter $z_1=re^{i\theta}$ et vu les données dans l'énoncé, on a $z_2=(2r)e^{i\left(\theta+\frac{\pi}{4}\right)}$ et $z_3=(4r)e^{i\left(\theta+\frac{\pi}{2}\right)}$. Puisque le produit $z_1z_2z_3=Z$, alors : $|z_1z_2z_3|=|Z|=8$ et $\arg(z_1)+\arg(z_2)+\arg(z_3)=\arg(Z)=\frac{3\pi}{4}[2\pi]$, ce qui donne : $8r=8$, soit $r = 1$ mais aussi, $\theta+\theta+\frac{\pi}{4}+\theta+\frac{\pi}{2}=\frac{3\pi}{4}[2\pi]$ qui donne $3\theta+\frac{3\pi}{4}=\frac{3\pi}{4}[2\pi]$, c'est-à-dire : $3\theta = 0\left[2\pi\right]$, donc $\theta = 0\left[\dfrac{2\pi}{3}\right]$. Sachant que l'argument de z_1 est compris entre $\dfrac{\pi}{2}$ et π, la seule possibilité est $\theta = \dfrac{2\pi}{3}$. On a donc $z_1 = 1 \times e^{\frac{2i\pi}{3}}$, $z_2 = 2 \times e^{\frac{2i\pi}{3}+\frac{i\pi}{4}} = 2e^{\frac{11i\pi}{12}}$ et $z_3 = 4 \times e^{\frac{11i\pi}{12}+\frac{i\pi}{4}} = 4e^{\frac{7i\pi}{6}}$.

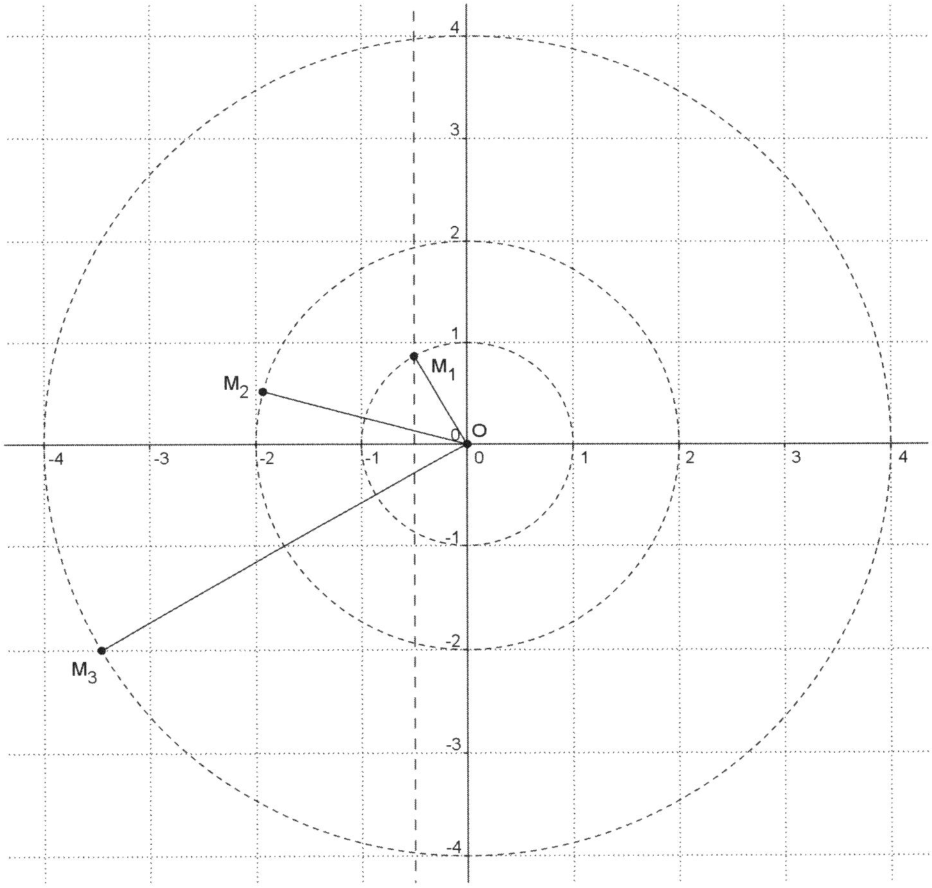

3. Expliquons succinctement comment on peut construire les points M_1, M_2 et M_3 : on commence par tracer les trois cercles C_1, C_2 et C_3 de centre O et de rayons respectifs 1, 2 et 4.

M_1 est sur C_1 et comme l'argument de z_1 vaut $\theta = \dfrac{2\pi}{3}$, alors M_1 est positionné sur la droite d'équation $x = -\dfrac{1}{2}$. Ensuite, on sait que M_3 est sur

C_3 et on sait que l'angle $\left(\overrightarrow{OM_1};\overrightarrow{OM_3}\right)=\frac{\pi}{2}\left(2\times\frac{\pi}{4}\right)$. Cela nous permet de placer C_3. Enfin, M_2 est sur C_2 et sur la bissectrice de l'angle $\left(\overrightarrow{OM_1};\overrightarrow{OM_3}\right)$.

Exercice 3

On ne demande pas de justification dans cet exercice, il faut utiliser votre « feeling » ! Néanmoins, nous essaierons d'expliquer nos choix !

1. « *La fonction f est définie et dérivable sur* $\mathbb{R}$, *le nombre dérivé de f en 0 est nul, mais f n'admet pas d'extremum en 0* ».

On peut choisir un exemple que vous avez sans doute vu en cours en 1°S : la fonction $f(x)=x^3$.
On peut vérifier facilement qu'elle s'annule en 0, ainsi que sa dérivée, pourtant elle n'admet pas d'extremum en 0 étant strictement croissante sur $\mathbb{R}$.

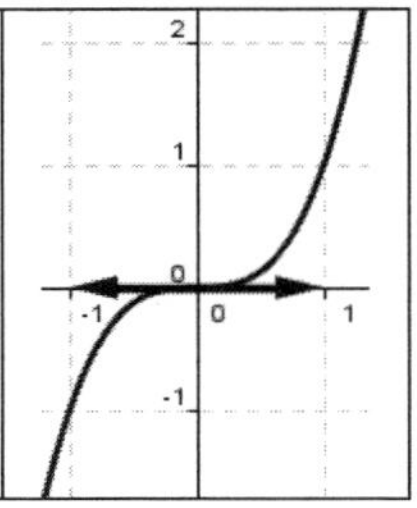

2. « *La fonction f est définie et dérivable sur* $\mathbb{R}$, *elle admet un maximum et un minimum sur l'intervalle* $[1;2]$, *mais pour tout x de* $[1;2]$, *on a* $f'(x)\neq 0$ ».

Une bonne fonction affine admet des extremums sur un intervalle borné : en ses bornes !
On peut choisir la fonction $f(x)=x+1$.
On peut vérifier facilement qu'elle admet un maximum et un minimum sur $[1;2]$ sans que sa dérivée s'annule.

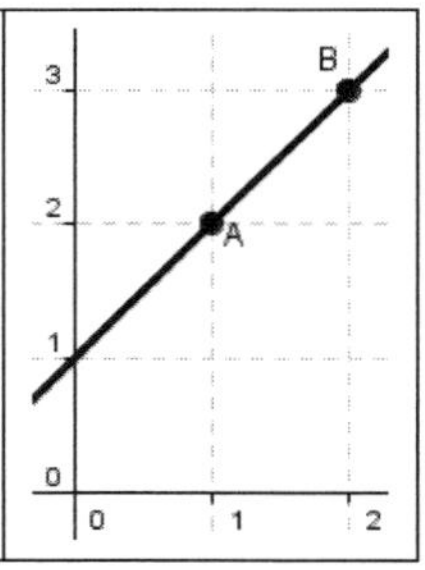

3. « *La fonction f est définie sur* $\mathbb{R}$ *et n'a pas de limite en* $+\infty$ ».

Il faut piocher dans « les classiques », les fonctions trigonométriques ! On peut choisir la fonction $f(x)=\cos x$.
En effet, elle n'admet pas de limite en l'infini, oscillant toujours entre –1 et 1.

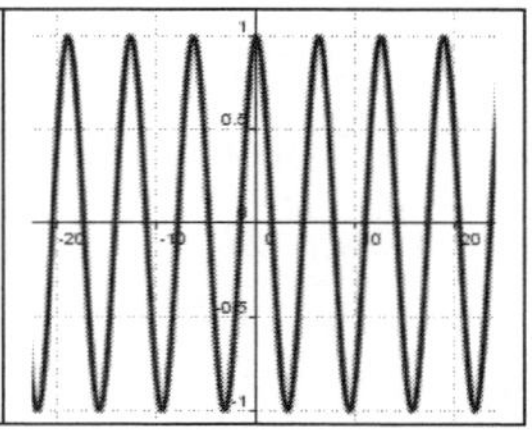

4. « La *fonction f est définie et continue sur* $]0;+\infty[$ *et n'a pas de limite en 0* ».

Là, c'est plus délicat. Il faut penser à composer. On peut choisir la fonction $f(x) = \cos\left(\frac{1}{x}\right)$. En effet, elle n'admet pas de limite en 0.	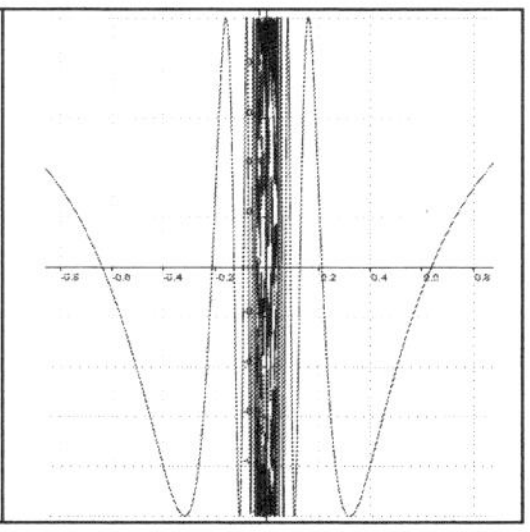

■ Exercice 4

Soit les événements F_n : « Le fumeur fume le $n^{\text{ème}}$ jour » et son contraire $\overline{F_n}$: « Le fumeur ne fume pas le $n^{\text{ème}}$ jour ». Enfin, on désigne par p_n la probabilité qu'il fume le $n^{\text{ème}}$ jour.

1. L'énoncé précise que :

– s'il reste un jour sans fumer, il a 40 % de chances de fumer le lendemain ; donc $P_{\overline{F_n}}(F_{n+1}) = 0,4$.

– s'il cède et fume un jour, il a 20 % de chances de fumer le lendemain ; donc $P_{F_n}(F_{n+1}) = 0,2$.

Ainsi, d'après les probabilités totales (soit il a fumé le $n^{\text{ème}}$ jour, soit il n'a pas fumé le $n^{\text{ème}}$ jour) :

$$p_{n+1} = \underbrace{P(F_n)}_{=p_n} \times \underbrace{P_{F_n}(F_{n+1})}_{=0,2} + \underbrace{P\left(\overline{F_n}\right)}_{=1-p_n} \times \underbrace{P_{\overline{F_n}}(F_{n+1})}_{=0,4} = 0,2p_n + 0,4(1-p_n)$$

$$p_{n+1} = 0,4 - 0,2p_n.$$

2. (p_n) est arithmético-géométrique, on se doute que (q_n) est géométrique :

$$\frac{q_{n+1}}{q_n} = \frac{p_{n+1} - \frac{1}{3}}{p_n - \frac{1}{3}} = \frac{0,4 - 0,2p_n - \frac{1}{3}}{p_n - \frac{1}{3}} = \frac{\frac{2}{5} - \frac{1}{5}p_n - \frac{1}{3}}{p_n - \frac{1}{3}}$$

$$= \frac{\frac{6}{15} - \frac{1}{5}p_n - \frac{5}{15}}{p_n - \frac{1}{3}} = \frac{\frac{1}{15} - \frac{1}{5}p_n}{p_n - \frac{1}{3}} = \frac{-\frac{1}{5}\left(p_n - \frac{1}{3}\right)}{p_n - \frac{1}{3}} = -\frac{1}{5}.$$

Donc (q_n) est bien une suite géométrique de raison $q = -\frac{1}{5}$.

3. On en déduit que $q_n = q_0 \times \left(-\frac{1}{5}\right)^n$, puis $p_n = \frac{1}{3} + q_n = \frac{1}{3} + q_0 \times \underbrace{\left(-\frac{1}{5}\right)^n}_{\to 0} \underset{n\to+\infty}{\to} \frac{1}{3}$,

car $\left|-\frac{1}{5}\right| < 1$: on a donc $\lim\limits_{n\to+\infty} p_n = \frac{1}{3}$.

On peut en déduire qu'en moyenne, pour un jour donné, il y aura une chance sur trois que la personne fume et deux chances sur trois qu'elle ne fume pas.

■ Exercice 5

1. Commençons par construire une figure la plus précise possible :

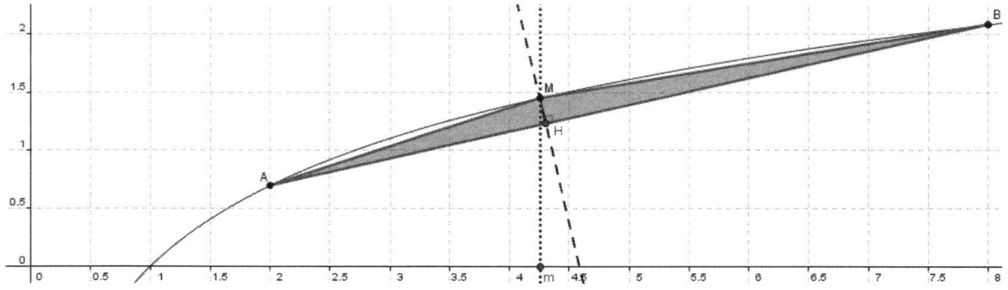

2. L'aire d'un triangle est donnée par la formule : $\text{Aire}_{\text{triangle}} = \dfrac{\text{Base} \times \text{Hauteur}}{2}$;

on peut donc calculer l'aire ainsi : $A_{ABM} = \dfrac{AB \times MH}{2}$.

Or, la longueur AB est constante puisque les points A et B sont fixes.

Chercher l'aire maximale revient donc à chercher la distance MH maximale, c'est-à-dire déterminer m tel que la distance de M à la droite (AB) soit maximale.

3. On peut faire la remarque suivante : la distance entre M et (AB) est la plus grande lorsque la tangente en M est parallèle à la droite (AB) (voir les illustrations ci-dessous).

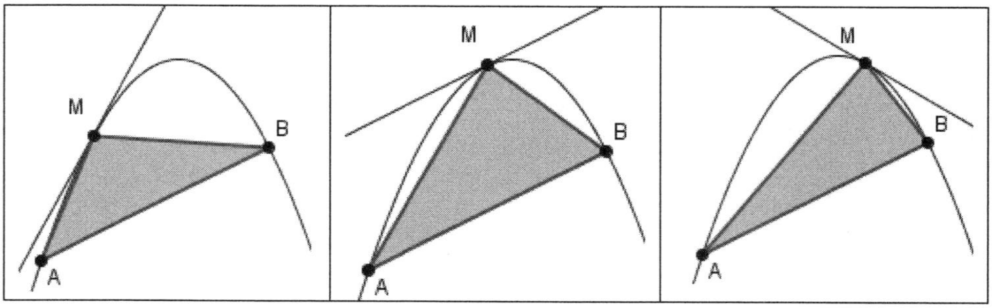

Or, on sait que deux droites sont parallèles si, et seulement si elles ont le même coefficient directeur. D'une part, le coefficient directeur de la droite (AB) est égal à : $\dfrac{y_B - y_A}{x_B - x_A} = \dfrac{\ln 8 - \ln 2}{8-2} = \dfrac{\ln\left(2^3\right) - \ln 2}{6} = \dfrac{3\ln 2 - \ln 2}{6} = \dfrac{2\ln 2}{6} = \dfrac{\ln 2}{3}$.

D'autre part le coefficient directeur de la tangente en M est le nombre dérivé de ln en $x = m$: puisque $(\ln x)' = \frac{1}{x}$, le coefficient directeur de la tangente est $\frac{1}{m}$. Les deux coefficients directeurs doivent être égaux, on obtient ainsi l'équation $\frac{1}{m} = \frac{\ln 2}{3}$ qui donne $m = \frac{3}{\ln 2}$, abscisse du point M tel que l'aire du triangle ABM soit maximale.

Durée 25 minutes. Vrai ou Faux à chaque question, bonne réponse = +1, mauvaise réponse = −1, pas de réponse = 0. Calculatrice interdite. Choisir 10 exercices.

Exercice 1

L'équation $\ln x = x^2 - x$ possède

a. 1 solution.	**b.** 2 solutions.	**c.** 3 solutions.

Exercice 2

Soit f une fonction définie sur un intervalle I et a un élément de I. on note A le point de la courbe de f d'abscisse a et C_f la courbe de f.

a. Le nombre dérivé de f en a existe si C_f possède une tangente en A.
b. Si C_f admet en A une tangente, alors f est dérivable en a.
c. Pour que f soit dérivable en a, il faut que C_f admette en A une tangente.

Exercice 3

La suite (u_n) tend vers $+\infty$. Alors :

a. (u_n) est croissante.	**b.** (u_n) est positive.	**c.** La suite $u_n \ln\left(1-\frac{1}{u_n}\right)$ converge.

Exercice 4

Soit la suite (u_n) définie par $u_0 = a$, où a désigne un réel non nul et, pour tout entier n par $u_{n+1} = u_n + \frac{1}{u_n}$. Alors :

a. La suite (u_n) n'est pas bornée.	**b.** La suite (u_n) converge.	**c.** Pour tout a, (u_n) est croissante.

Exercice 5

$$4\int_{\frac{1}{3}}^{\frac{e}{3}} x^3 \ln(3x)\,dx =$$

a. $\frac{e^4+1-e^3}{81}$.	**b.** $e^3 - 1$.	**c.** $\frac{e^4+1-e^3}{27}$.

Exercice 6

$\ln(20\,000) - 4(\ln 5 + \ln 2)$ est égal à :

a. $-\ln(1/2)$.	**b.** $\ln(20\,000/40)$.	**c.** 0.

Exercice 7

$\lim\limits_{x \to 0} \dfrac{\sin 7x}{\tan x} =$

a. 0.	**b.** $+\infty$.	**c.** 7.

Exercice 8

Soit f une fonction définie et dérivable sur $]1\,;+\infty[$ vérifiant $f'(x) = \dfrac{2x}{x^2-1}$ et $f(2) = \ln 3$. Alors :

a. $f(x) = \dfrac{x^2}{\frac{1}{3}x^3 - x} + \ln 3 - 6$.	**b.** $\ln(x^2-1)$.	**c.** $\ln(x+1) + \ln(x-1)$.

Exercice 9

L'ensemble des points M d'affixe z tels que $z + \bar{z} = |z|$ est :

a. L'union de deux droites passant par O.	**b.** L'union de deux demi-droites d'origine O.	**c.** Un cercle passant par O.

Exercice 10

Soit la fonction f définie par $f(x) = \dfrac{\ln x - 1}{\ln(x-1)}$. Son ensemble de définition est :

a. $\mathbb{R}$.	**b.** $]0\,;+\infty[$.	**c.** $]1\,;2[\,\cup\,]2\,;+\infty[$.

Exercice 11

La forme exponentielle du nombre complexe $\dfrac{2+2i}{\sqrt{3}-i}$ est :

a. $\sqrt{2}e^{-i\frac{\pi}{12}}$.	**b.** $\sqrt{2}e^{-i\frac{5\pi}{12}}$.	**c.** $\sqrt{2}e^{i\frac{5\pi}{12}}$.

Exercice 12

Soit la fonction f définie sur $\mathbb{R}$ par $f(x) = \ln\left(e^{2x} + e^{-2x} + 2\right)$. Alors, pour tout réel x, $f(x)$ est égal à :

a. $2\ln\left(e^{2x}+1\right)-2x$.	**b.** $4x\ln\left(2e^{2x}\right)$.	**c.** 2.

■ Exercice 13

Pour tout réel x, $\cos(3x)+3\cos x =$

a. 0.	**b.** $\cos^3(x)-\sin^3(x)$.	**c.** $4\cos^3(x)$.

■ Exercice 14

L'ensemble des points M d'affixe z tels que $\arg\left(\frac{z-i}{z-3}\right)=\frac{\pi}{2}+2k\pi, k\in\mathbb{Z}$ est :

a. Un demi-cercle de diamètre $[AB]$ privé des points A et B où A a pour affixe i et B a pour affixe 3.
b. La médiatrice du segment $[AB]$ où A a pour affixe i et B a pour affixe 3.
c. Le cercle de diamètre $[AB]$ où A a pour affixe i et B a pour affixe 3.

■ Exercice 15

Huit judokas dont deux Français participent à un tournoi international. Un podium est constitué d'un premier, un second et un troisième.

a. Le nombre de podiums possibles est 512.
b. Le nombre de podiums possibles avec deux judokas français est 6.
c. Le nombre de podiums possibles sans judoka français est 120.

■ Un peu de stratégie

Le sujet est de difficulté certaine, le temps est extrêmement court ! Il ne faut donc pas perdre de temps et rapidement cibler les thèmes que vous préférez en priorité car il sera très rare que des candidats fassent même les 10 exercices.
On ne demande aucune justification à ce Vrai/Faux, suivez votre intuition ! En revanche, en cas de doute, ***il vaut mieux ne pas répondre****, la pénalité est très élevée ici.*

■ Grille des réponses

1.a	**V**	6.a	**V**	11.a	**F**
1.b	**F**	6.b	**F**	11.b	**F**
1.c	**F**	6.c	**F**	11.c	**V**
2.a	**F**	7.a	**F**	12.a	**V**
2.b	**F**	7.b	**F**	12.b	**F**
2.c	**F**	7.c	**V**	12.c	**F**
3.a	**F**	8.a	**F**	13.a	**F**
3.b	**F**	8.b	**V**	13.b	**F**
3.c	**V**	8.c	**V**	13.c	**V**
4.a	**V**	9.a	**F**	14.a	**V**
4.b	**F**	9.b	**V**	14.b	**F**
4.c	**F**	9.c	**F**	14.c	**F**
5.a	**F**	10.a	**F**	15.a	**F**
5.b	**F**	10.b	**F**	15.b	**F**
5.c	**F**	10.c	**V**	15.c	**V**

■ Exercice 1

Ici, on ne demande pas de résoudre mais juste de donner le nombre de solutions.
Cependant, on peut remarquer qu'il y a une « racine évidente » : 1.

Le plus simple, si on a un bon sens graphique, c'est de tracer les courbes.

On connaît bien la courbe de la fonction logarithme népérien (ainsi que sa tangente en 1 dont le coefficient directeur est égal à 1). Et on trouve facilement la courbe de la fonction $\varphi : x \mapsto x^2 - x$ qui est une parabole interceptant l'axe des abscisses en 0 et en 1.
Ces deux courbes partagent la même tangente en 1, elles n'ont qu'un point d'intersection.

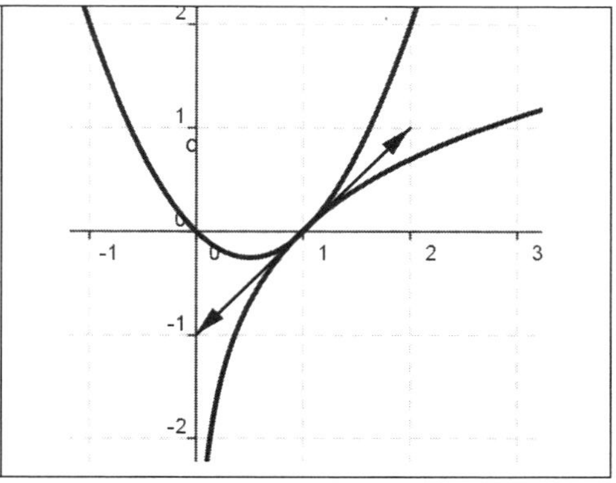

Le point de vue calculatoire : on pose $f(x) = x^2 - x - \ln x$ (c'est la fonction différence) et on cherche combien de racines (valeurs qui annulent *f*) admet la fonction *f* sur $]0\,;+\infty[$ en déterminant les variations de *f*.

On dérive *f* : $f'(x) = 2x - 1 - \dfrac{1}{x} = \dfrac{2x^2 - x - 1}{x}$.

Le signe : $f'(x) = 0 \Leftrightarrow 2x^2 - x - 1 = 0$ et $x > 0$; $\Delta = b^2 - 4ac = 1 + 8 = 9$; il y a deux solutions, $-1/2$ et 1.

On a le tableau de variations de *f* ci-dessous. Il nous montre qu'il n'y a qu'une racine pour *f*, donc 1 est la seule solution de l'équation.

x	0		1		$+\infty$
$2x^2 - x - 1$		$-$	0	$+$	
$f'(x)$		$-$	0	$+$	
f	‖	↘	0	↗	

a. Vrai	**b.** Faux	**c.** Faux

■ Exercice 2

Pour une fonction f définie en a, on dit que f est dérivable en a si la limite

$$\lim_{h\to 0}\frac{f(a+h)-f(a)}{h}=\lim_{x\to a}\frac{f(x)-f(a)}{x-a}$$

existe. Cette limite est alors le nombre dérivé de f en a :

$$\lim_{h\to 0}\frac{f(a+h)-f(a)}{h}=f'(a).$$

Graphiquement, cela veut dire que la courbe de f admet une tangente en A d'abscisse a (tangente non verticale, car f'(a) est le coefficient directeur de cette tangente).

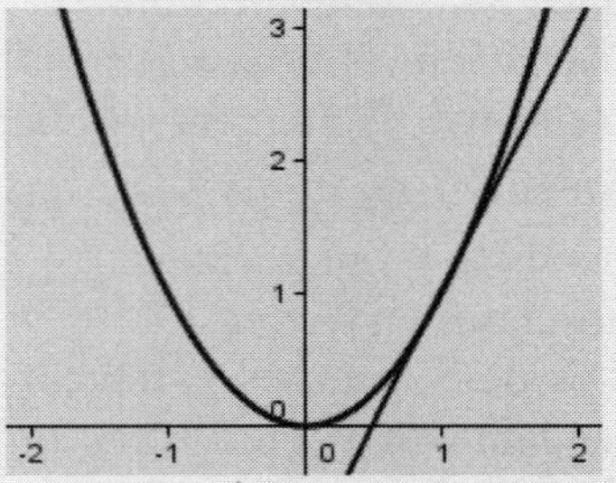

Par exemple, ci-dessus, la droite d'équation y=2x–1 est la tangente de la parabole de la fonction carré en 1.

On peut déduire de la connaissance de notre cours que si une fonction est dérivable en a, alors sa courbe admet une tangente (non verticale) en A.
Mais attention, la réciproque est fausse, si la courbe de f admet une tangente en A d'abscisse a, alors f n'est pas nécessairement dérivable en a (en fait si cette tangente est verticale.

Un exemple qu'il est bon de connaître est la fonction racine carrée qui est bien définie en 0, sans être dérivable en 0.
Pourtant sa courbe admet bien une demi-tangente en 0, qui est verticale :

$$\lim_{h\to 0}\frac{\sqrt{h}-\sqrt{0}}{h}=\lim_{h\to 0}\frac{1}{\sqrt{h}}=+\infty.$$

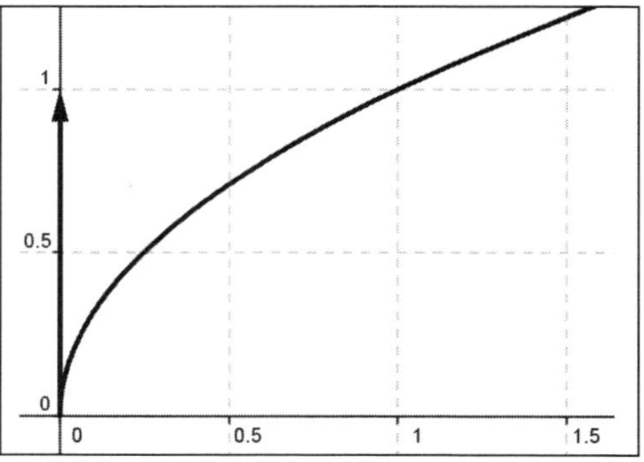

Attention, remarquez que les trois phrases a, b et c ont exactement le même sens. C'est simplement la façon de l'exprimer qui diffère.

a. Faux	**b.** Faux	**c.** Faux

■ Exercice 3

On suppose que $u_n \underset{n\to+\infty}{\to} +\infty$.

a. Rien ne permet d'affirmer que la suite (u_n) est croissante. Par exemple la suite qui prend les valeurs 2 ; 1 ; 4 ; 3 ; 6 ; 5 ; 8 ; 7 ; 10 ; 9 ; 12 ; 11 ; etc. tend vers $+\infty$ sans être croissante.

b. Rien ne permet d'affirmer que la suite (u_n) est positive : la suite $u_n = n - 1000$ tend bien vers $+\infty$ mais n'est pas toujours positive.
En revanche, ce qu'on peut affirmer c'est que la suite (u_n) est positive « à partir d'un certain rang ».

c. Oui, la suite $v_n = u_n \ln\left(1 - \dfrac{1}{u_n}\right)$ converge, on peut même dire vers -1.

Il faut se souvenir que $\lim\limits_{x \to 0} \dfrac{\ln(1+x)}{x} = 1$, ce qui implique que, en posant d'abord $X = 1/u_n$ puis $X = -Y$, on a

$$\lim_{n \to +\infty} v_n = \lim_{X \to 0} \frac{1}{X} \ln(1 - X) = \lim_{Y \to 0} -\frac{1}{Y} \ln(1+Y) = -1.$$

a. Faux	**b.** Faux	**c.** Vrai

■ Exercice 4

$u_0 = a \neq 0$ et $u_{n+1} = u_n + \dfrac{1}{u_n}$.

Avant de démarrer, il peut être intéressant d'observer ce qu'il se passe sur les premiers termes : $u_1 = a + \dfrac{1}{a}$, $u_2 = a + \dfrac{1}{a} + \dfrac{1}{a + \dfrac{1}{a}} = a + \dfrac{1}{a} + \dfrac{a}{a^2+1}$ qui devient vite indigeste. Essayons alors avec $a = 1$ pour commencer : $u_1 = 1 + \dfrac{1}{1} = 2$, $u_2 = 2 + \dfrac{1}{2} = \dfrac{5}{2} = 2{,}5$, $u_3 = \dfrac{5}{2} + \dfrac{2}{5} = \dfrac{29}{10} = 2{,}9$, $u_4 = \dfrac{29}{10} + \dfrac{10}{29} = \dfrac{941}{290}$, et déjà on ne voit plus grand chose.

Sinon on peut faire un essai graphiquement : on trace la courbe de la fonction $f : x \mapsto x + \dfrac{1}{x}$ et la droite d'équation $y = x$.
Puis, vous partez de n'importe quelle valeur non nulle et vous reconstruisez « l'escalier » qui permet de placer les premiers termes de la suite sur l'axe des abscisses.
Cela permet de conclure rapidement à toutes les questions.

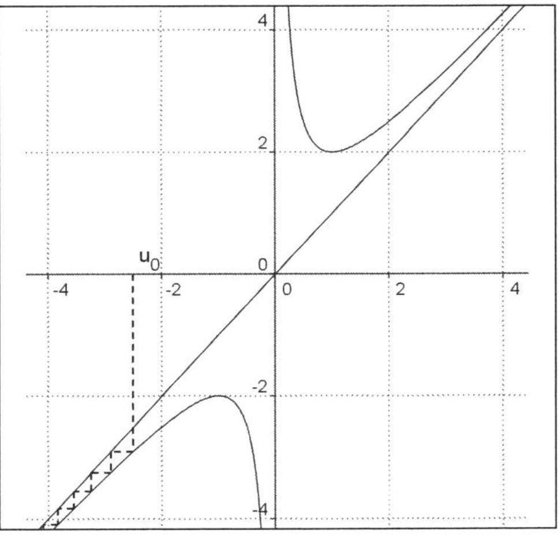

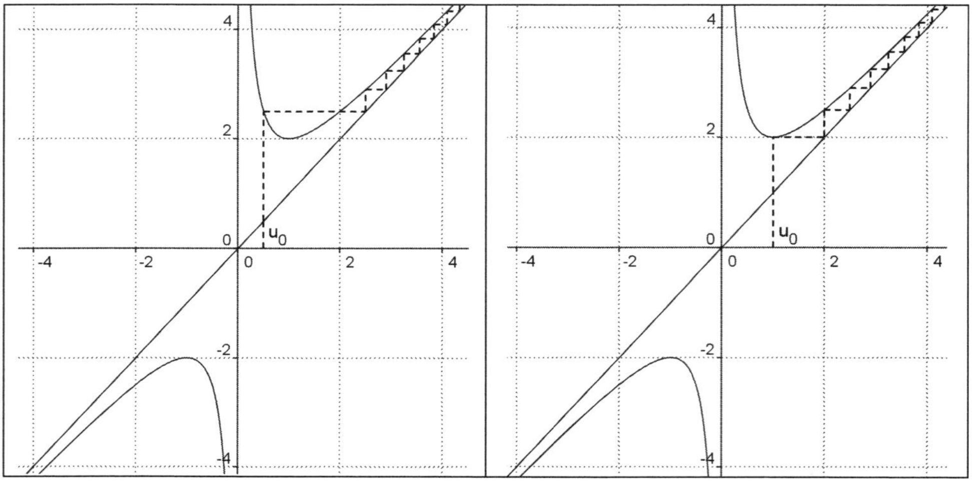

Par le calcul on peut constater que si $a > 0$ (resp. $a < 0$), alors la suite est strictement positive (resp. négative). Et ensuite, que si elle est positive (resp. négative), alors est croissante (resp. décroissante).

Puis, si elle converge vers une limite l, alors sa limite vérifie : $l = l + \frac{1}{l} \Leftrightarrow 0 = \frac{1}{l}$ qui n'a pas de solution. En somme, la suite ne peut pas converger.
En conclusion, on a montré que la suite est de signe constant (celui de a), qu'elle est strictement monotone et qu'elle ne converge pas.

a. La suite (u_n) n'est pas bornée. Sinon, étant monotone, elle serait convergente, ce qu'on sait être faux.

b. La suite ne converge pas, vu ce qu'on a démontré.

Au passage, on rappelle le « théorème du point fixe » :
si une suite (u_n) est définie par une relation de récurrence du type : $u_{n+1} = f(u_n)$ où f est une fonction continue et si (u_n) est une suite convergente vers une valeur l appartenant à l'ensemble de définition de f, alors l est un point fixe de f, c'est-à-dire : $f(l) = l$.
En résolvant cette équation on peut trouver la limite de la suite.

c. Cette assertion est nécessairement fausse dès que $a < 0$. En effet, si $a = -1$, alors : $u_1 = -1 + \frac{1}{-1} = -2$, $u_2 = -2 + \frac{1}{-2} = -\frac{5}{2} = -2{,}5$, $u_3 = \ldots = -2{,}9$, etc.

a. Vrai	**b.** Faux	**c.** Faux

Exercice 5

On fait une intégration par parties :

$$4\int_{\frac{1}{3}}^{\frac{e}{3}} \underbrace{x^3}_{=u'} \underbrace{\ln(3x)}_{=v} dx = \cancel{4}\left[\underbrace{\frac{x^4}{\cancel{4}}}_{=u} \underbrace{\ln(3x)}_{=v}\right]_{\frac{1}{3}}^{\frac{e}{3}} - \cancel{4}\int_{\frac{1}{3}}^{\frac{e}{3}} \underbrace{\frac{x^4}{\cancel{4}}}_{=u} \times \underbrace{\frac{\cancel{3}}{\cancel{3}x}}_{=v'} dx$$

$$= \left[\left(\frac{e}{3}\right)^4 \underbrace{\ln\left(\underbrace{3\times\frac{e}{3}}_{=e}\right)}_{=1} - \left(\frac{1}{3}\right)^4 \underbrace{\ln\left(\underbrace{3\times\frac{1}{3}}_{=1}\right)}_{=0}\right] - \int_{\frac{1}{3}}^{\frac{e}{3}} x^3 dx$$

$$= \left(\frac{e}{3}\right)^4 - \left[\frac{x^4}{4}\right]_{\frac{1}{3}}^{\frac{e}{3}} = \frac{e^4}{81} - \frac{1}{4}\left[\left(\frac{e}{3}\right)^4 - \left(\frac{1}{3}\right)^4\right] = \frac{e^4}{81} - \frac{1}{4}\left[\frac{e^4}{81} - \frac{1}{81}\right]$$

$$= \frac{4e^4 - e^4 + 1}{4\times 81} = \frac{3e^4+1}{324}.$$

Puisqu'aucune réponse ne correspond au bon résultat, on peut conclure que les trois réponses sont fausses.

a. Faux	**b.** Faux	**c.** Faux

Exercice 6

$$\ln(20000) - 4(\ln 5 + \ln 2) = \ln(20000) - 4\ln 10 = \ln(20000) - \ln 10^4$$

$$= \ln(20000) - \ln(10000) = \ln\frac{20000}{10000} = \ln 2.$$

On peut aussi faire dans l'autre sens en décomposant 20000 :

$$\ln(20000) - 4(\ln 5 + \ln 2) = \ln\left(2\times 10^4\right) - 4\ln 5 - 4\ln 2$$

$$= \ln 2 + 4\ln 10 - 4\ln 5 - 4\ln 2 = \ln 2 + 4\ln(2\times 5) - 4\ln 5 - 4\ln 2$$

$$= \ln 2 + \cancel{4\ln 2} + \cancel{4\ln 5} - \cancel{4\ln 5} - \cancel{4\ln 2} = \ln 2.$$

Rappelons que pour a et b réels strictement positifs et n entier naturel :

$$\ln(a\times b) = \ln a + \ln b,\ \ln(a^n) = n\ln a \ \text{et}\ \ln\left(\frac{a}{b}\right) = \ln a - \ln b.$$

a. $-\ln\left(\frac{1}{2}\right) = \underbrace{-\ln 1}_{=0} + \ln 2 = \ln 2$.

b. $\ln\left(\frac{20000}{40}\right) = \ln\left(\frac{40\times 500}{40}\right) = \ln 500 = \ln(2\times 250) = \ln 2 + \ln 250 \neq \ln 2$.

c. $\ln 2 \simeq 0{,}69$, il peut être parfois utile de connaître cette valeur approchée.

a. Vrai	**b.** Faux	**c.** Faux

■ Exercice 7

Dès que vous voyez la limite d'un quotient en 0, dites-vous qu'il y a peut-être un nombre dérivé derrière.

En effet, si *f* est dérivable en *a*, alors $\lim\limits_{x\to 0}\dfrac{f(a+x)-f(a)}{x} = f'(a)$.

A connaître notamment :

$$\lim_{x\to 0}\frac{\sin x}{x} = \lim_{x\to 0}\frac{\sin x - \sin 0}{x-0} = \sin'(0) = \cos(0) = 1,$$

$$\lim_{x\to 0}\frac{\tan x}{x} = \lim_{x\to 0}\frac{\tan x - \tan 0}{x-0} = \tan'(0) = 1+\tan^2(0) = 1,$$

$$\lim_{x\to 0}\frac{e^x-1}{x} = \lim_{x\to 0}\frac{e^x-e^0}{x-0} = \exp'(0) = \exp(0) = 1.$$

$$\lim_{x\to 0}\frac{\ln(1+x)}{x} = (\ln x)'(1) = \frac{1}{1} = 1.$$

Ici on écrit pour $x \neq 0$: $\dfrac{\sin 7x}{\tan x} = 7\times\dfrac{\sin(7x)}{(7x)}\times\dfrac{x}{\tan x}$.

Comme $\lim\limits_{x\to 0}\dfrac{\sin(7x)}{(7x)} \underset{X=7x}{=} \lim\limits_{X\to 0}\dfrac{\sin(X)}{X} = 1$ et $\lim\limits_{x\to 0}\dfrac{\tan x}{x} = 1$, alors, par produit de limites, $\lim\limits_{x\to 0}\dfrac{\sin 7x}{\tan x} = 7\times\lim\limits_{x\to 0}\dfrac{\sin(7x)}{(7x)}\times\lim\limits_{x\to 0}\dfrac{1}{\dfrac{\tan x}{x}} = 7\times 1 = 7$.

a. Faux	**b.** Faux	**c.** Vrai

■ Exercice 8

f est définie et dérivable sur $]1\,;+\infty[$, $f'(x) = \dfrac{2x}{x^2-1}$ et $f(2) = \ln 3$.

a. $f(x) = \dfrac{x^2}{\dfrac{1}{3}x^3 - x} + \ln 3 - 6$ vérifie :

$$f(2) = \frac{2^2}{\dfrac{1}{3}2^3-2} + \ln 3 - 6 = \frac{4}{\dfrac{8}{3}-\dfrac{6}{3}} + \ln 3 - 6 = \underbrace{4\times\frac{3}{2}}_{=6} + \ln 3 - 6 = \ln 3.$$

En revanche, si on dérive *f*, on obtient :

$$f'(x)=\frac{2x\left(\frac{1}{3}x^3-x\right)-x^2\left(x^2-1\right)}{\left(\frac{1}{3}x^3-x\right)^2}\neq\frac{2x}{x^2-1}.$$

Attention, ici puisque la dérivée de x^2 *est* $2x$ *et que la dérivée de* $\frac{1}{3}x^3-x$ *est* x^2-1, *on voulait vous faire croire que* $\left(\frac{u}{v}\right)'=\frac{u'}{v'}$, *ce qui est archi-faux.*

Il faut retenir que $\left(\frac{u}{v}\right)'=\frac{u'v-v'u}{v^2}$.

Une autre façon de voir que le résultat était faux, était de s'apercevoir que $\sqrt{3}$ *est une valeur interdite de la fonction proposée, supposée être définie sur* $]1\,;+\infty[$, *donc en* $\sqrt{3}$.

b. $f(x)=\ln\left(x^2-1\right)$ vérifie $f(2)=\ln\left(2^2-1\right)=\ln 3$ et $f'(x)=\frac{2x}{x^2-1}$.

Effectivement, on a : $\left(\ln(u)\right)'=\frac{u'}{u}$.

c. Puisque sur $]1\,;+\infty[$, on a :
$\ln(x+1)+\ln(x-1)=\ln\left[(x+1)(x-1)\right]=\ln\left(x^2-1\right)$, alors cette fonction est correcte elle aussi.

a. Faux	**b.** Vrai	**c.** Vrai

■ Exercice 9

Posons $z=x+iy$.

Ainsi l'équation $z+\bar{z}=|z|\Leftrightarrow x+iy+x-iy=\sqrt{x^2+y^2}\Leftrightarrow 2x=\sqrt{x^2+y^2}$.

Ceci impose que x soit positif ou nul.

Dès lors, $2x=\sqrt{x^2+y^2}\Leftrightarrow 4x^2=x^2+y^2\Leftrightarrow y^2=3x^2\Leftrightarrow y=\sqrt{3}x$ <u>ou</u> $y=-\sqrt{3}x$, où $x\geq 0$.

On a bien l'équation de deux demi-droites (puisque $x\geq 0$) passant par O (puisque l'ordonnée à l'origine est nulle).

a. Faux	**b.** Vrai	**c.** Faux

Exercice 10

La fonction *f* est définie par $f(x)=\dfrac{\ln(x)-1}{\ln(x-1)}$.

a. *f* ne peut pas être définie sur $\mathbb{R}$, car pour que $\ln(x)$ existe, il faut que x soit strictement positif.

b. Elle ne peut pas être définie sur $]0\,;+\infty[$, car pour que $\ln(x-1)$ existe, il faut que $x>1$.

c. Enfin, il est nécessaire que $\ln(x-1)$ soit non nul, soit $x-1\neq 1$. Les deux premières conditions nécessitent que $x>1$; la dernière condition impose que $x\neq 2$.

On peut alors choisir le troisième ensemble proposé : $D_f=]1\,;2[\cup]2\,;+\infty[$.

a. Faux	b. Faux	c. Vrai

Exercice 11

On pose $Z=\dfrac{2+2i}{\sqrt{3}-i}=\dfrac{z_1}{z_2}$, soit :

$$z_1=2+2i=2\sqrt{2}\left(\frac{\sqrt{2}}{2}+i\frac{\sqrt{2}}{2}\right)=2\sqrt{2}e^{i\frac{\pi}{4}} \text{ et } z_2=\sqrt{3}-i=2\left(\frac{\sqrt{3}}{2}-i\frac{1}{2}\right)=2e^{-i\frac{\pi}{6}}.$$

Par conséquent, $Z=\dfrac{z_1}{z_2}=\dfrac{\cancel{2}\sqrt{2}e^{i\frac{\pi}{4}}}{\cancel{2}e^{-i\frac{\pi}{6}}}=\sqrt{2}e^{i\left(\frac{\pi}{4}+\frac{\pi}{6}\right)}=\sqrt{2}e^{i\frac{5\pi}{12}}$. La troisième solution est la bonne.

a. Faux	b. Faux	c. Vrai

Exercice 12

On a : $f(x)=\ln\left(e^{2x}+e^{-2x}+2\right)$. On « remarque » que :

$$f(x)=\ln\left(e^{2x}+2+e^{-2x}\right)=\ln\left(\left(e^{x}\right)^2+2\left(e^{x}\right)\left(e^{-x}\right)+\left(e^{-x}\right)^2\right)=\ln\left[\left(e^{x}+e^{-x}\right)^2\right].$$

a. En transformant :

$$f(x)=\ln\left[\left(e^{x}+e^{-x}\right)^2\right]=2\ln\left(e^{x}+e^{-x}\right)=2\ln\left(\left(e^{2x}+1\right)e^{-x}\right)=2\ln\left(e^{2x}+1\right)+2\ln\left(e^{-x}\right)$$
$$=2\ln\left(e^{2x}+1\right)-2x$$

b. L'écriture $4x\ln\left(2e^{2x}\right)$ est fausse, car elle s'annule pour $x=0$, alors que $f(0)=\ln\left(\underbrace{e^0}_{=1}+\underbrace{e^0}_{=1}+2\right)=\ln 4$.

c. $f(x)$ ne peut pas être constante (égale à 2) car

$$\lim_{x\to+\infty} f(x) = \lim_{x\to+\infty} \ln\left(e^{2x} + e^{-2x} + 2\right) = \lim_{x\to+\infty} \ln\left(e^{2x}\right) = +\infty .$$

a. Vrai	**b.** Faux	**c.** Faux

■ Exercice 13

Posons pour tout réel x : $f(x) = \cos(3x) + 3\cos x$.

a. $f(x)$ ne peut pas être nul.

Par exemple, pour $x = 0$, $f(0) = \underbrace{\cos(0)}_{=1} + 3\underbrace{\cos 0}_{=1} = 4 \neq 0$.

b. $f(x)$ ne peut pas être égal à $\cos^3(x) - \sin^3(x)$.

A nouveau, pour $x = 0$, $f(0) = 4$, mais $\underbrace{\cos^3(0)}_{=1} - \underbrace{\sin^3(0)}_{=0} = 1$.

c. On a grâce aux formules d'addition, $\cos(a+b) = \cos a \cos b - \sin a \sin b$ et aux formules de duplication :

$$\cos 3x = \cos 2x \cos x - \sin 2x \sin x = \left(2\cos^2 x - 1\right)\cos x - 2\sin x \cos x \sin x$$

puis $\cos 3x = 2\cos^3 x - \cos x - 2\left(1 - \cos^2 x\right)\cos x = 4\cos^3 x - 3\cos x$ d'où

$$f(x) = 4\cos^3 x .$$

Une autre méthode utilise les « formules d'Euler » (plus au programme depuis 2003) :

$$4\cos^3 x = 4\left(\frac{e^{ix} + e^{-ix}}{2}\right)^3 = 4\left(\frac{e^{i3x} + 3e^{ix} + 3e^{-ix} + e^{-i3x}}{8}\right)$$

$$= \frac{e^{i3x} + e^{-i3x}}{2} + 3\frac{e^{ix} + e^{-ix}}{2} = \cos(3x) + 3\cos(x) = f(x).$$

C'est plutôt mieux de connaître les formules de base de trigonométrie (voir le formulaire). Pour la deuxième méthode on s'est servi des formules d'Euler qui sont faciles à retenir :

$$\cos\theta = \frac{e^{i\theta} + e^{-i\theta}}{2} \quad \textit{et} \quad \sin\theta = \frac{e^{i\theta} - e^{-i\theta}}{2i}.$$

De plus, il est toujours bon de savoir retrouver l'identité

$$(a+b)^3 = a^3 + 3a^2b + 3ab^2 + b^3 .$$

a. Faux	**b.** Faux	**c.** Vrai

■ Exercice 14

Rappelez-vous bien que :

$\left(\overrightarrow{AB} ; \overrightarrow{CD}\right) = \arg\left(\dfrac{d-c}{b-a}\right) \ [2\pi]$ *et que*

$\dfrac{CD}{AB} = \left|\dfrac{d-c}{b-a}\right|$ *où a, b, c et d sont les affixes respectives des points A, B, C et D (avec* $a \neq b$ *et* $c \neq d$*).*

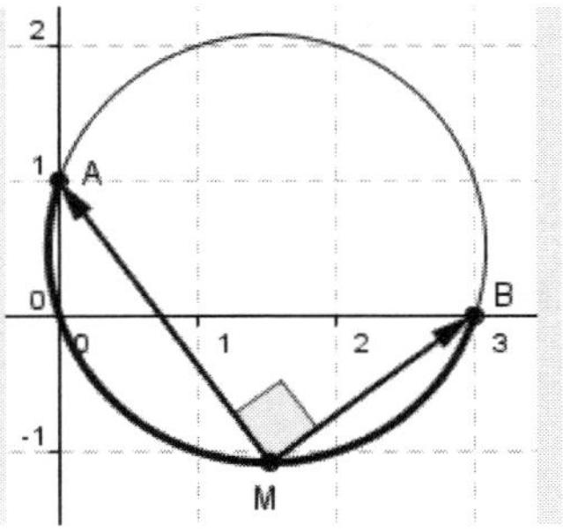

En nommant A le point d'affixe i, B le point d'affixe 3 et M le point d'affixe z, alors : $\dfrac{z-i}{z-3}$ a pour argument l'angle orienté $\left(\overrightarrow{BM} ; \overrightarrow{AM}\right)$.

Ainsi, nous cherchons l'ensemble des points M tels que :

$$\left(\overrightarrow{BM} ; \overrightarrow{AM}\right) = \left(\overrightarrow{MB} ; \overrightarrow{MA}\right) = \frac{\pi}{2} + 2k\pi, k \in \mathbb{Z}.$$

a. L'ensemble recherché est donc bien un demi-cercle de diamètre $[AB]$ privé des points A et B.

b. Faux : il s'agirait de la médiatrice de $[AB]$ si on cherchait l'ensemble des points M tels que $\dfrac{MA}{MB} = 1$, c'est-à-dire : $\left|\dfrac{z-i}{z-3}\right| = 1$.

c. L'ensemble recherché ne peut pas être le cercle complet car sur le demi-cercle supérieur $\left(\overrightarrow{BM} ; \overrightarrow{AM}\right) = \left(\overrightarrow{MB} ; \overrightarrow{MA}\right) = -\dfrac{\pi}{2} + 2k\pi, k \in \mathbb{Z}$ est donc bien un demi-cercle de diamètre $[AB]$ privé des points A et B.

a. Vrai	**b.** Faux	**c.** Faux

■ Exercice 15

Il y a 8 judokas dont 2 Français. Un podium, c'est un premier, un second et un troisième.

a. Il y a 8 façons de choisir le 1er, 7 façons de choisir le 2nd et 6 façons de choisir le 3ème. Il y a donc $8 \times 7 \times 6 = 336$ podiums possibles et non 512 (obtenu en faisant 8^3) puisqu'un judoka ne peut être à la fois sur plusieurs marches du podium.

b. S'il y a effectivement 6 façons de choisir le 3ème judoka sur le podium, il y a encore 3 façons de le placer sur le podium et encore 2 façons de placer les 2 Français, soit : $6 \times 3 \times 2 = 36$ façons.

c. Enfin, s'il n'y a aucun Français, alors il y a 6 façons de choisir le 1er, 5 façons de choisir le 2nd et 4 façons de choisir le 3ème, donc : $6 \times 5 \times 4 = 120$ podiums possibles (sans Français).

a. Faux	**b.** Faux	**c.** Vrai

Calculatrice interdite ; 2 heures ; répondre par Vrai ou Faux sans justification. Bonus si bonne réponse, malus si mauvaise réponse, rien si pas de réponse.

Exercice 1

Quand il pleut le chat est soit dans la cuisine, soit dans la cave. Quand le chat est dans la cuisine, la souris est dans son trou et le fromage est dans le réfrigérateur. Quand le fromage est sur la table et le chat dans la cave, la souris est dans la cuisine. En ce moment il pleut et le fromage est sur la table. Alors, nécessairement :

a. Le chat est dans la cuisine.

b. Le chat est dans la cave.

c. La souris est dans la cuisine.

d. La souris est dans son trou.

e. Une telle situation ne peut pas se produire.

Exercice 2

La fonction f admet f' pour dérivée sur D :

a. $D=\mathbb{R}$; $f(x)=3\sin\left(\frac{\pi}{6}-4x\right)$; $f'(x)=12\cos\left(\frac{\pi}{6}-4x\right)$.

b. $D=\mathbb{R}$; $f(x)=\cos x\cos 2x$; $f'(x)=-\sin x\cos 2x-2\sin 2x\cos x$.

c. $D=\left[0;\frac{\pi}{4}\right[$; $f(x)=\tan 2x$; $f'(x)=1+\tan^2 2x$.

d. $D=\left[0;\frac{\pi}{4}\right[$; $f(x)=\dfrac{\cos x}{\cos 2x}$; $f'(x)=\dfrac{\sin x\left(1+2\cos^2 x\right)}{\cos^2 2x}$.

e. $D=\left]0;\frac{\pi}{4}\right[$; $f(x)=\dfrac{\tan 2x}{\sin x}$; $f'(x)=2\dfrac{2\cos x\sin 2x-\sin x\cos 2x}{\cos^2 2x}$.

Exercice 3

Dans $\mathbb{R}$:

a. $\ln x-\ln 5=\ln 2+\ln(x-4)\Leftrightarrow \ln\left(\dfrac{x}{x-4}\right)=\ln\dfrac{2}{5}$.

b. $\ln(4-5x)=\ln 4+\ln(x-9)\Leftrightarrow \ln x-\ln 5=\ln 2+\ln(x-4)$.

c. $\ln x-\ln 5=\ln 2+\ln(x-4)\Leftrightarrow x=\dfrac{40}{9}$.

d. $\ln(x-1)^2 = \ln\left(2x^2+2x+4\right) \Leftrightarrow x=-1$ ou $x=-3$.

e. $2\ln(x-2) = \ln\left(2x^2+7\right) \Leftrightarrow x=-1$ ou $x=-3$.

■ Exercice 4

a. $\int_0^{\pi/2} \cos 2x dx = 0$.

b. $\int_0^{\pi/4} \tan x dx = 1$.

c. $\int_0^{\pi/2} \sin\left(x+\frac{\pi}{6}\right)dx = \cos\frac{\pi}{6} + \sin\frac{\pi}{6}$.

d. $\int_0^1 \left(3x^2+2x-7\right)dx = -5$.

e. $\int_{-1}^1 \left(x^3-x^2-3x+4\right)dx = \frac{22}{3}$.

■ Exercice 5

Soit f la fonction définie et dérivable sur $\mathbb{R}\setminus\{1\}$ par $f(x)=\frac{x^2+2x+6}{x-1}$. On note C sa courbe.

a. C admet exactement deux tangentes horizontales.

b. La tangente à C au point d'abscisse 2 a pour équation $y=-8x+30$.

c. La tangente à C au point d'abscisse 0 a pour équation $y=-8x-6$.

d. L'équation $f(x)=2$ n'admet pas de solution.

e. L'équation $f(x)=24$ admet deux solutions distinctes dans $\mathbb{R}\setminus\{1\}$.

■ Exercice 6

Soit f la fonction définie sur $]0\,;+\infty[$ par $f(x)=x-2\ln x+\frac{3}{x}$.

a. $\lim\limits_{x\to+\infty} f(x)=+\infty$.

b. $\lim\limits_{x\to 0^+} f(x)=-\infty$.

c. f est croissante sur $]0\,;+\infty[$.

d. Pour tout $x\geq 3$, $f(x)\geq 0$.

e. L'équation $f'(x)=1$ admet une unique solution dans $]0\,;+\infty[$.

■ Exercice 7

Soient f et g les fonctions définies sur $\mathbb{R}$ par

$$f(x)=x+1-e^{x} \text{ et } g(x)=\frac{1-e^{-x}}{x} \text{ si } x>0 \text{ avec } g(0)=1.$$

a. f est décroissante sur $[0\,;+\infty[$.

b. Pour tout $x\in[0\,;+\infty[$, $f(x)\leq 0$.

c. g est continue en 0.

d. g est décroissante sur $[0\,;+\infty[$.

e. Pour tout x réel non nul, $xg'(x)+g(x)=e^{-x}$.

■ Exercice 8

Soit f la fonction définie sur $\mathbb{R}$ par $f(x)=\frac{\sqrt{3}}{2}\cos 2x+\sin x\cos x$.

a. f est périodique de période π.

b. f est paire.

c. $f\left(\frac{5\pi}{6}\right)=f\left(\frac{7\pi}{6}\right)$.

d. $f\left(\frac{\pi}{12}\right)=1$.

e. $f\left(\frac{7\pi}{12}\right)=-1$.

■ Exercice 9

Soit (u_n) et (v_n) deux suites réelles vérifiant pour tout $n\in\mathbb{N}$:

$$0<u_n\leq v_n\leq 2u_n.$$

a. Si pour tout $n\in\mathbb{N}$, $0<u_n\leq 1$, alors (u_n) converge.

b. Si pour tout $n\in\mathbb{N}$, $0<u_n\leq 1$, alors (v_n) converge.

c. Si (u_n) converge, alors (v_n) converge.

d. Si $\lim_{n\to+\infty} u_n=+\infty$, alors $\lim_{n\to+\infty} v_n=+\infty$.

e. Si (u_n) ne converge pas alors (v_n) ne converge pas.

■ Exercice 10

Sachant que chacune des assertions suivantes est vraie :

1- Si le malfaiteur n'est pas venu en voiture alors le témoin s'est trompé.

2- Si le malfaiteur a un complice, alors il est venu en voiture.

3- Soit le malfaiteur n'avait pas de complice et n'avait pas la clé, soit le malfaiteur avait un complice et avait la clé.

Si le malfaiteur avait la clé, alors nécessairement :

a. Le malfaiteur est venu en voiture.

b. Le témoin s'est trompé.

Si le malfaiteur n'avait pas la clé, alors nécessairement :

c. Le malfaiteur n'avait pas de complice.

d. Le malfaiteur n'est pas venu en voiture.

e. Le témoin s'est trompé.

■ Exercice 11

Dans le plan complexe muni d'un repère orthonormé $(O;\vec{i},\vec{j})$, on donne les points $P(-i)$, $Q(4+i)$ et $R(2-5i)$. On note I le milieu de $[PQ]$ et J celui de $[PR]$.

a. Le triangle PQR est isocèle.

b. Le triangle PQR est rectangle.

c. La droite (IJ) est parallèle à la droite (QR).

d. Le milieu de $[QR]$ a pour affixe $3-2i$.

e. Le symétrique de P par rapport à (QR) a pour affixe $6-3i$.

■ Exercice 12

Soient z_1 et z_2 deux complexes de partie réelle positive et vérifiant : $z_1^2 = i$ et $z_2^2 = 3-4i$. On note x la partie réelle de z_2 et y sa partie imaginaire.

a. $|z_1| = 1$.

b. $\arg(z_1) = \frac{\pi}{4} \bmod 2\pi$.

c. $x^2 + y^2 = 5$.

d. $x^2 - y^2 = 3$.

e. $y = 1$.

■ Exercice 13

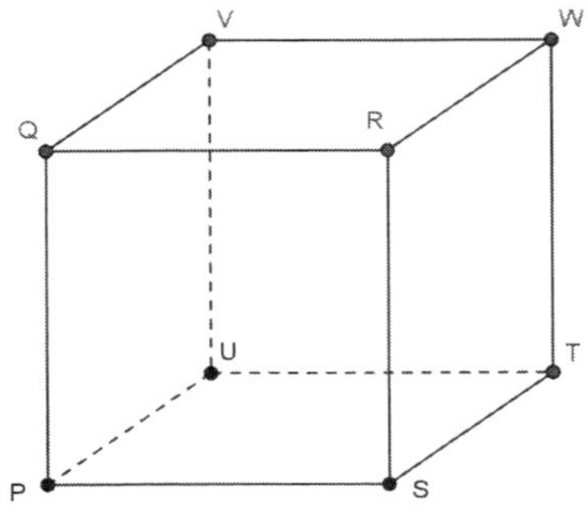

Soit $PQRSTUVW$ un cube d'arête de longueur 1.

On note Q' le projeté orthogonal de Q sur le plan (PRV).

a. $\overrightarrow{QP}.\overrightarrow{PR} = -\overrightarrow{PS}.\overrightarrow{PR}$.

b. $\overrightarrow{ST}.\overrightarrow{PR} = 0$.

c. $\overrightarrow{QT}.\overrightarrow{PR} = 0$.

d. Q' appartient à la droite (PW).

e. $\overrightarrow{VQ'}.\overrightarrow{PR} = 0$.

Exercice 14

Dans l'espace rapporté à un repère orthonormé $(O;\vec{i},\vec{j},\vec{k})$, on considère Δ la droite d'équations paramétriques : $x=t, y=1+t, z=2-t$, ($t\in\mathbb{R}$). Soit m un réel et D_m la droite passant par les points $I(1;1;0)$ et $J_m(3;1-m;m)$.

a. Si Δ et D_m sont parallèles alors $m=2$.

b. Si Δ et D_m sont orthogonales alors $m=1$.

c. Il existe $m\in\mathbb{R}$ tel que Δ et D_m soient sécantes.

d. Pour tout $m\in\mathbb{R}$, Δ et D_m ont une intersection vide.

e. Pour tout $m\in\mathbb{R}$, Δ et D_m coupent le plan d'équation $2x+y+z-3=0$.

Exercice 15

Un service de recrutement reçoit 15 dossiers dont 6 comportent un avis favorable et les 9 autres un avis défavorable. Les 15 dossiers sont classés au hasard. La probabilité de l'événement :

a. Le premier dossier est favorable et le second défavorable est $\frac{9}{35}$.

b. Les deux premiers dossiers sont favorables est $\frac{1}{7}$.

c. Les deux premiers dossiers sont défavorables est $\frac{6}{7}$.

d. Au moins un des deux premiers dossiers est défavorable est $\frac{6}{7}$.

e. Dans les 8 premiers dossiers, 3 sont favorables et 5 défavorables est $\frac{56}{143}$.

Exercice 16

On lance deux dés dont les faces sont numérotées de 1 à 6. Pour chaque dé, les probabilités d'obtenir une des six faces sont égales. On note S la somme des points des faces supérieures.
Si $2\leq S\leq 3$ on gagne 20 points, si $3<S\leq 5$ on gagne 10 points, si $5<S<10$ on gagne 5 points et si $10\leq S\leq 12$ on gagne 1 point. On note X la variable aléatoire donnant le nombre de points par lancer.

a. $p(X=20)=p(X=1)$.

b. $p(X=5)=\frac{5}{9}$.

c. $p(X\leq 5)=\frac{13}{18}$.

d. $p(X\geq 10)=\frac{5}{18}$.

e. L'espérance de X est $\frac{64}{9}$.

■ Exercice 17 (spécialistes)

Soit x et y deux entiers vérifiant $x \equiv 2[7]$ et $y \equiv 3[7]$ (ceci signifie que x est congru à 2 modulo 7 et y est congru à 3 modulo 7).

a. $x+y \equiv 5[7]$.

b. $xy \equiv 6[7]$.

c. $x^y \equiv 1[7]$.

d. Il existe $(u\,;v) \in \mathbb{Z}^2$ tels que $xu+7v=1$.

e. Il existe $(u\,;v) \in \mathbb{Z}^2$ tels que $yu+7v=1$.

■ Exercice 18 (spécialistes)

Pour tout $(u\,;v) \in \mathbb{Z}^2$, $u \wedge v$ désigne le PGCD de u et v.

a. Si $u \wedge v = 1$ alors $(u+v) \wedge (uv) = 1$.

b. Si $(u+v) \wedge (uv) = 1$ alors $u \wedge v = 1$.

c. Si $u \wedge v = 3$ alors $(u+v) \wedge (uv) = 3$.

d. Si $(u+v) \wedge (uv) = 3$ alors $u \wedge v = 3$.

e. Si $(u+v) \wedge (uv) = 4$ alors $u \wedge v = 4$.

■ Exercice 19

Soit f la fonction définie et dérivable sur $[0\,;\pi]$, par :

$$f(x) = -\frac{1}{2}\cos 2x + \cos x + \frac{3}{2}.$$

a. Pour tout x de $[0\,;\pi]$, $f'(x) = \sin x(2\cos x - 1)$.

b. f est croissante sur $\left[0\,;\frac{\pi}{3}\right]$.

c. L'équation $f(x)=2$ admet deux solutions distinctes dans $[0\,;\pi]$.

d. $\int_0^{\pi/3} f(x)\,dx = \int_{\pi/3}^{2\pi/3} f(x)\,dx$.

e. $\int_0^{\pi} f(x)\,dx = \frac{3\pi}{2}$.

■ Exercice 20

Soit f la fonction définie sur $\mathbb{R}$, paire et périodique de période 2π telle que pour tout $x \in [0\,;\pi]$, $f(x) = \pi - x$.

a. $f(-\pi) = 0$.

b. Pour $x \in [-\pi\,;0]$, $f(x) = \pi + x$.

c. Pour $x \in [\pi\,;2\pi]$, $f(x) = \pi + x$.

d. La valeur moyenne de f sur $[-\pi\,;\pi]$ est π^2.

e. La valeur moyenne de f sur $[0\,;2\pi]$ est $\frac{\pi}{2}$.

Un peu de stratégie

C'est un Vrai/Faux avec quelques pièges comme d'habitude, par contre il faut parfois de la dextérité. Soyez vigilants, des fois il ne s'agit que de formules de cours.
Le barème n'est pas indiqué mais il vaut mieux ne pas répondre si on a un doute… Comme d'habitude, choisissez les thèmes que vous préférez et si vous bloquez, passez à la suite !

Grille des réponses

1.a	**F**	5.a	**V**	9.a	**F**	13.a	**V**	17.a	**V**
1.b	**V**	5.b	**V**	9.b	**F**	13.b	**V**	17.b	**V**
1.c	**V**	5.c	**V**	9.c	**F**	13.c	**V**	17.c	**F**
1.d	**F**	5.d	**V**	9.d	**V**	13.d	**F**	17.d	**V**
1.e	**F**	5.e	**V**	9.e	**F**	13.e	**V**	17.e	**V**
2.a	**F**	6.a	**V**	10.a	**V**	14.a	**F**	18.a	**V**
2.b	**V**	6.b	**F**	10.b	**F**	14.b	**V**	18.b	**V**
2.c	**F**	6.c	**F**	10.c	**V**	14.c	**F**	18.c	**F**
2.d	**V**	6.d	**V**	10.d	**F**	14.d	**V**	18.d	**V**
2.e	**V**	6.e	**F**	10.e	**F**	14.e	**V**	18.e	**F**
3.a	**F**	7.a	**V**	11.a	**V**	15.a	**V**	19.a	**V**
3.b	**F**	7.b	**V**	11.b	**V**	15.b	**V**	19.b	**V**
3.c	**V**	7.c	**V**	11.c	**V**	15.c	**F**	19.c	**V**
3.d	**V**	7.d	**V**	11.d	**V**	15.d	**V**	19.d	**F**
3.e	**F**	7.e	**V**	11.e	**V**	15.e	**V**	19.e	**V**
4.a	**V**	8.a	**V**	12.a	**V**	16.a	**F**	20.a	**V**
4.b	**F**	8.b	**F**	12.b	**F**	16.b	**V**	20.b	**V**
4.c	**V**	8.c	**F**	12.c	**V**	16.c	**V**	20.c	**F**
4.d	**V**	8.d	**V**	12.d	**V**	16.d	**V**	20.d	**F**
4.e	**V**	8.e	**V**	12.e	**F**	16.e	**F**	20.e	**V**

Exercice 1

On suppose qu'il pleut et que le fromage est sur la table. Comme il pleut, le chat est soit dans la cuisine, soit dans la cave. Si le chat était dans la cuisine, (la souris serait dans son trou et) le fromage serait dans le réfrigérateur. Or, il est sur la table, donc le chat est dans la cave (et le fromage est sur la table). Ainsi, la souris est dans la cuisine. On peut conclure :

a. FAUX	**b.** VRAI	**c.** VRAI	**d.** FAUX	**e.** FAUX

■ Exercice 2

a. Si $f(x)=3\sin\left(\frac{\pi}{6}-4x\right)$, alors :

$$f'(x)=3\times\cos\left(\frac{\pi}{6}-4x\right)\times(-4)=-12\cos\left(\frac{\pi}{6}-4x\right).$$

b. Si $f(x)=\cos x\cos 2x$, alors

$$f'(x)=-\sin x\cos 2x+(-2\sin 2x)\cos x=-\sin x\cos 2x-2\sin 2x\cos x.$$

c. On utilise $\tan u'=u'\left(1+\tan^2 u\right)$: $f(x)=\tan 2x$, $f'(x)=2\left(1+\tan^2 2x\right)$.

d. $f(x)=\dfrac{\cos x}{\cos 2x}$:

$$f'(x)=\frac{-\sin x\cos 2x-(-2\sin 2x)\cos x}{\cos^2 2x}=\frac{-\sin x\left(2\cos^2 x-1\right)+2\sin 2x\cos x}{\cos^2 2x}$$

$$=\frac{-\sin x\left(2\cos^2 x-1\right)+4\sin x\cos^2 x}{\cos^2 2x}=\frac{\sin x\left(1-2\cos^2 x+4\cos^2 x\right)}{\cos^2 2x}$$

$$=\frac{\sin x\left(1+2\cos^2 x\right)}{\cos^2 2x}.$$

e. $f(x)=\dfrac{\tan 2x}{\sin x}=\dfrac{\frac{\sin 2x}{\cos 2x}}{\sin x}=\dfrac{\frac{2\cancel{\sin x}\cos x}{\cos 2x}}{\cancel{\sin x}}=\dfrac{2\cos x}{\cos 2x}$: il suffit de reprendre le résultat précédent multiplié par 2.

a. FAUX	**b.** VRAI	**c.** FAUX	**d.** VRAI	**e.** VRAI

Il y a beaucoup de formules à connaître en dérivation. En voici quelques unes :

- $(\sin u)'=(\cos u)\times u'$;
- *la dérivée d'un produit :* $(uv)'=u'v+v'u$;
- *la dérivée d'un quotient :* $\left(\dfrac{u}{v}\right)'=\dfrac{u'v-v'u}{v^2}$;
- $(\tan u)'=\left(1+\tan^2 u\right)\times u'$;
- *composition :* $(f\circ g)'=g'\times f'\circ g$.

Enfin il fallait se souvenir de quelques formules de trigonométrie, à savoir : $\cos 2x=2\cos^2 x-1$, $\sin 2x=2\sin x\cos x$ et $\tan x=\dfrac{\sin x}{\cos x}$.

Cet exercice est très calculatoire. Mieux vaut avoir une bonne maîtrise technique.
Le jour J, si vous ne vous sentez pas à l'aise dans des calculs de ce genre, n'insistez pas et passez à la suite... Cependant, pour le moment, c'est toujours un bon entraînement !

■ Exercice 3

Attention, l'énoncé précise « dans $\mathbb{R}$ », alors que nous allons réfléchir sur des expressions logarithmiques (et on rappelle que la fonction ln est définie sur $]0\,;+\infty[$).
Du coup, il faudra être très vigilant concernant les ensembles de définition. Par exemple : $\forall a>0, \forall b>0, \ln(ab)=\ln a+\ln b$.
En réalité $\ln a+\ln b$ n'a de sens que si a et b sont strictement positifs. Alors que $\ln(ab)$ existe dès que a et b sont de même signe :

$$\ln((-1)(-e))=\ln e=1.$$

a. L'expression $\ln x-\ln 5=\ln 2+\ln(x-4) \Leftrightarrow \ln\left(\frac{x}{x-4}\right)=\ln\frac{2}{5}$ est fausse algébriquement car nous devrions plutôt avoir :

$$\ln x-\ln 5=\ln 2+\ln(x-4) \Leftrightarrow \ln\left(\frac{x}{x-4}\right)=\ln(2\times 5).$$

Et de toute manière l'expression de gauche n'est définie ici que sur $]0\,;+\infty[$, alors que celle de droite est définie pour $x=-1$.

b. On ne peut pas avoir l'équivalence car on doit avoir $x<\frac{4}{5}$ et $x>9$: la partie gauche de l'égalité n'a pas de sens.

c. $\ln x-\ln 5=\ln 2+\ln(x-4)$ est définie pour tout $x>4$ car x doit vérifier : $x>0$ et $x-4>0$.

$$\ln x-\ln 5=\ln 2+\ln(x-4) \Leftrightarrow \ln\frac{x}{5}=\ln[2(x-4)]$$

$$\Leftrightarrow \frac{x}{5}=2(x-4) \Leftrightarrow x=10(x-4) \Leftrightarrow x=10x-40 \Leftrightarrow x=\frac{40}{9}.$$

d. Une étude des signes montre que de $(x-1)^2>0$ si $x\neq 1$ et que $2x^2+2x+4>0$ pour tout x réel. Ensuite on a :

$$\ln(x-1)^2=\ln(2x^2+2x+4) \Leftrightarrow x^2-2x+1=2x^2+2x+4 \Leftrightarrow 0=x^2+4x+3$$

$$\Leftrightarrow x=-1 \text{ ou } x=-3.$$

e. L'équation $2\ln(x-2)=\ln(2x^2+7)$ est définie si $x>2$.

Or les solutions proposées sont $x=-1$ ou $x=-3$ qui sont strictement inférieures à 2. Cette équivalence est donc nécessairement fausse.

a. FAUX	**b.** FAUX	**c.** VRAI	**d.** VRAI	**e.** FAUX

■ Exercice 4

Une primitive de $\dfrac{u'}{u}$ *est* $\ln|u|$ ...

a. $\int_0^{\frac{\pi}{2}} \cos 2x dx = \left[\dfrac{\sin 2x}{2}\right]_0^{\frac{\pi}{2}} = 0$.

b. $\int_0^{\frac{\pi}{4}} \tan x dx = -\int_0^{\frac{\pi}{4}} \dfrac{-\sin x}{\cos x} dx = -\left[\ln|\cos x|\right]_0^{\frac{\pi}{4}} = -\left[\ln\left|\cos\dfrac{\pi}{4}\right| - \ln|\cos 0|\right]$

$= -\ln\dfrac{\sqrt{2}}{2} + \underbrace{\ln 1}_{=0} = \ln\sqrt{2} \neq 1$.

c. $\int_0^{\frac{\pi}{2}} \sin\left(x+\dfrac{\pi}{6}\right) dx = \left[-\cos\left(x+\dfrac{\pi}{6}\right)\right]_0^{\frac{\pi}{2}} = -\cos\left(\dfrac{\pi}{2}+\dfrac{\pi}{6}\right)+\cos\left(\dfrac{\pi}{6}\right)$

$= \sin\left(\dfrac{\pi}{6}\right)+\cos\left(\dfrac{\pi}{6}\right)$.

d. $\int_0^1 (3x^2+2x-7)dx = \left[x^3+x^2-7x\right]_0^1 = 1+1-7=-5$.

e. $\int_{-1}^1 (x^3-x^2-3x+4)dx = \left[\dfrac{x^4}{4}-\dfrac{x^3}{3}-3\dfrac{x^2}{2}+4x\right]_{-1}^1$

$= \left[\dfrac{1}{4}-\dfrac{1}{3}-3\dfrac{1}{2}+4\right]-\left[\dfrac{1}{4}-\dfrac{-1}{3}-3\dfrac{1}{2}-4\right]$

$= \dfrac{1}{4}-\dfrac{1}{3}-\dfrac{3}{2}+4-\dfrac{1}{4}-\dfrac{1}{3}+\dfrac{3}{2}+4 = -\dfrac{2}{3}+8 = \dfrac{-2+24}{3} = \dfrac{22}{3}$.

a. VRAI	**b.** FAUX	**c.** VRAI	**d.** VRAI	**e.** VRAI

■ Exercice 5

Sur $\mathbb{R}\setminus\{1\}$ $f(x)=\dfrac{x^2+2x+6}{x-1}$: $f'(x)=\ldots=\dfrac{x^2-2x-8}{(x-1)^2}=\dfrac{(x+2)(x-4)}{(x-1)^2}$.

a. C admet une tangente horizontale si $f'(x)=0 \Leftrightarrow x=-2$ ou $x=4$. C admet donc exactement deux tangentes horizontales.

b. L'équation de la tangente à C en 2 est :

$$y=f'(2)(x-2)+f(2)=-8(x-2)+14=-8x+30.$$

c. En 0, $y=f'(0)x+f(0)=-8x+6$.

d. $f(x)=2 \Leftrightarrow \dfrac{x^2+2x+6}{x-1}=2 \Leftrightarrow x^2+2x+6=2(x-1) \Leftrightarrow x^2=-8$ ce qui est absurde.

e. $f(x)=24 \Leftrightarrow \dfrac{x^2+2x+6}{x-1}=24 \Leftrightarrow x^2+2x+6=24(x-1) \Leftrightarrow x^2-22x+30=0$

On trouve $\Delta=\ldots=364>0$. Il y a donc deux solutions distinctes.

a. VRAI	**b.** VRAI	**c.** VRAI	**d.** VRAI	**e.** VRAI

■ Exercice 6

Sur $]0\,;+\infty[$, $f(x)=x-2\ln x+\dfrac{3}{x}$.

Ainsi, $f'(x)=1-\dfrac{2}{x}-\dfrac{3}{x^2}=\dfrac{x^2-2x-3}{x^2}=\dfrac{(x+1)(x-3)}{x^2}$.

a. $\lim\limits_{x\to+\infty} f(x)=\lim\limits_{x\to+\infty} x\left(1-2\dfrac{\ln x}{x}+\dfrac{3}{x^2}\right)=+\infty$ puisque $\lim\limits_{x\to+\infty}\dfrac{\ln x}{x}=0$ (cours).

b. $\lim\limits_{x\to0^+} f(x)=\lim\limits_{x\to0^+}\dfrac{1}{x}\left(x^2-2x\ln x+3\right)=+\infty$ puisque $\lim\limits_{x\to0^+}\dfrac{1}{x}=+\infty$, $\lim\limits_{x\to0^+} x\ln x=0$.

c. C'est faux puisque $f'(1)=-4<0$. Et plus en détail :

x	0		3		$+\infty$
$x-3$		$-$	0	$+$	
$f'(x)$	‖	$-$	0	$+$	
f	‖ $+\infty$	↘	$2\ln\dfrac{e^2}{3}$	↗	$+\infty$

d. $f(3)=3-2\ln 3+\frac{3}{3}=4-2\ln 3=2\ln e^2-2\ln 3=2\ln\frac{e^2}{3}>0$ car puisque $e\simeq 2{,}718>2$, alors $e^2>4$ et $\frac{e^2}{3}>1$ (difficile de faire mieux sans calculatrice). Ensuite, puisque f est strictement croissante sur $[3\,;+\infty[$, alors $\forall x\geq 3, f(x)\geq 0$.

e. $f'(x)=1\Leftrightarrow\frac{x^2-2x-3}{x^2}=1\Leftrightarrow -2x-3=0\Leftrightarrow x=-\frac{3}{2}$. Cette seule solution étant strictement négative, l'affirmation est fausse.

a. VRAI	**b.** FAUX	**c.** FAUX	**d.** VRAI	**e.** FAUX

Exercice 7

Sur $\mathbb{R}$, $f(x)=x+1-e^x$; $g(x)=\frac{1-e^{-x}}{x}$ si $x\in\,]0\,;+\infty[$ et $g(0)=1$.

a. $f'(x)=1-e^x\leq 0$ lorsque $x\geq 0$ donc l'affirmation est vraie.

b. De plus $f(0)=0+1-e^0=0$, cette affirmation est vraie elle aussi.

c. $\lim\limits_{x\to 0^+}\frac{1-e^{-x}}{x}=\lim\limits_{x\to 0^+}e^{-x}\frac{e^x-1}{x}=1\times 1=1=g(0)$ donc g est continue en 0.

d. $g'(x)=\frac{xe^{-x}-\left(1-e^{-x}\right)}{x^2}=\frac{xe^{-x}+e^{-x}-1}{x}=e^{-x}\frac{x+1-e^x}{x^2}=e^{-x}\frac{f(x)}{x^2}\leq 0$

d'après **b.**

e. $xg'(x)+g(x)=\frac{xe^{-x}-\left(1-e^{-x}\right)}{x}+\frac{1-e^{-x}}{x}=\frac{xe^{-x}-1+e^{-x}+1-e^x}{x}=e^{-x}$.

a. VRAI	**b.** VRAI	**c.** VRAI	**d.** VRAI	**e.** VRAI

Exercice 8

Sur $\mathbb{R}$, $f(x)=\frac{\sqrt{3}}{2}\cos 2x+\sin x\cos x$. Dessinez un cercle trigonométrique pour vous aider.

a. $f\left(x+\pi\right)=\frac{\sqrt{3}}{2}\cos\left(2\left(x+\pi\right)\right)+\sin\left(x+\pi\right)\cos\left(x+\pi\right)$

$$=\frac{\sqrt{3}}{2}\cos\left(2x+2\pi\right)+\left(-\sin x\right)\left(-\cos x\right)=\frac{\sqrt{3}}{2}\cos 2x+\sin x\cos x=f(x),$$

f est périodique de période π.

b. $f\left(-x\right)=\frac{\sqrt{3}}{2}\cos\left(-2x\right)+\sin\left(-x\right)\cos\left(-x\right)=\frac{\sqrt{3}}{2}\cos 2x-\sin x\cos x\neq f(x)$.

c. $f\left(\frac{5\pi}{6}\right)=\frac{\sqrt{3}}{2}\cos\frac{5\pi}{3}+\sin\frac{5\pi}{6}\cos\frac{5\pi}{6}=\frac{\sqrt{3}}{2}\times\frac{1}{2}+\frac{1}{2}\times\frac{-\sqrt{3}}{2}=0$,

$f\left(\frac{7\pi}{6}\right)=\frac{\sqrt{3}}{2}\cos\frac{7\pi}{3}+\sin\frac{7\pi}{6}\cos\frac{7\pi}{6}=\frac{\sqrt{3}}{2}\times\frac{1}{2}+\frac{-1}{2}\times\frac{-\sqrt{3}}{2}=\frac{\sqrt{3}}{2}\neq 0$.

d. $f\left(\frac{\pi}{12}\right)=\frac{\sqrt{3}}{2}\cos\frac{\pi}{6}+\sin\frac{\pi}{12}\cos\frac{\pi}{12}=\frac{\sqrt{3}}{2}\times\frac{\sqrt{3}}{2}+\frac{1}{2}\times\sin\left(2\frac{\pi}{12}\right)=\frac{3}{4}+\frac{1}{2}\times\frac{1}{2}=1$.

e. $f\left(\frac{7\pi}{12}\right)=\frac{\sqrt{3}}{2}\cos\frac{7\pi}{6}+\sin\frac{7\pi}{12}\cos\frac{7\pi}{12}=\frac{\sqrt{3}}{2}\times\frac{-\sqrt{3}}{2}+\frac{1}{2}\times\sin\left(2\frac{7\pi}{12}\right)$

$=\frac{-3}{4}+\frac{1}{2}\times\frac{-1}{2}=-1$.

a. VRAI	**b.** FAUX	**c.** FAUX	**d.** VRAI	**e.** VRAI

■ Exercice 9

a. Si on choisit la suite $u_n=\frac{2+(-1)^n}{3}$ qui prend alternativement les valeurs 1 et $\frac{1}{3}$, on a bien pour tout n, $0<u_n\leq 1$ sans que la suite converge (elle n'a pas de limite déterminée).

b. Ici on peut choisir $v_n=u_n=\frac{2+(-1)^n}{3}$ qui vérifie la condition d'encadrement $0<u_n\leq v_n\leq 2u_n$ sans pour autant converger.

c. Ce serait vrai si on avait $\lim\limits_{n\to+\infty}u_n=0$ (d'après le théorème des gendarmes). Cependant on peut avoir $u_n=1$ (convergente car constante) et $v_n=1+u_n=\frac{5+(-1)^n}{3}$ qui ne converge pas alors que $0<u_n\leq v_n\leq 2u_n$.

d. C'est absolument vrai : c'est le théorème de comparaison (des gendarmes) qui permet de l'affirmer.

e. Non. On peut choisir cette fois $u_n=\frac{9+(-1)^n}{10}$ qui vaut alternativement $u_n=\frac{4}{5}$ et 1, et choisir $v_n=1$ qui converge bien.

> *Il est inutile de trouver une formule explicite de la suite mais il suffit d'avoir une bonne idée des termes qu'elles peut prendre...*

a. FAUX	**b.** FAUX	**c.** FAUX	**d.** VRAI	**e.** FAUX

Exercice 10

Si le malfaiteur avait la clé, alors il avait aussi un complice ; par conséquent il est venu en voiture. Le témoin, quant à lui, a pu se tromper, en tout cas rien ne permet d'affirmer que c'est bien le cas.
Si le malfaiteur n'avait pas la clé, alors il n'avait pas de complice. En revanche rien ne permet d'affirmer s'il est venu en voiture, que le témoin se soit trompé ou non.

a. VRAI	**b.** FAUX	**c.** VRAI	**d.** FAUX	**e.** FAUX

Exercice 11

Pour a et b, par le calcul, il suffit de montrer que $\dfrac{z_Q - z_P}{z_R - z_P} = i$. Pour c, il faut montrer que $\dfrac{z_I - z_J}{z_R - z_Q}$ est réel.

Pour d, il suffit de montrer que $\dfrac{z_Q + z_R}{2} = 3 - 2i$.

Pour e, $\dfrac{6 - 3i + z_P}{2} = 3 - 2i$.

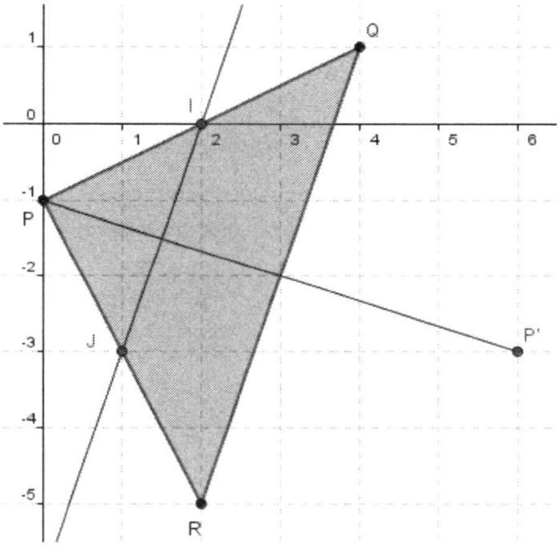

a. VRAI	**b.** VRAI	**c.** VRAI	**d.** VRAI	**e.** VRAI

Faites un dessin assez précis et vous verrez beaucoup de choses !

Exercice 12

a. $z_1^{\,2} = i \Rightarrow |z_1|^2 = |i| = 1 \Rightarrow |z_1| = 1$.

b. $z_1^{\,2} = i \Rightarrow 2\arg(z_1) = \arg(z_1^{\,2}) = \dfrac{\pi}{2}[2\pi] \Rightarrow \arg(z_1) = \dfrac{\pi}{4}[\pi]$.

Par exemple si $z_1 = e^{i\frac{5\pi}{4}}$, alors $z_1^{\,2} = e^{i\frac{10\pi}{4}} = e^{i\frac{5\pi}{2}} = e^{i\frac{\pi}{2}} = i$.

c. $x^2 + y^2 = |z_2|^2 = |z_2^{\,2}| = \sqrt{3^2 + (-4)^2} = \sqrt{9+16} = \sqrt{25} = 5$.

d. $z_2^{\,2} = (x+iy)^2 = x^2 - y^2 + 2ixy = 3 - 4i$: en identifiant les parties réelles on obtient $x^2 - y^2 = 3$.

e. On reprend l'écriture précédente et on identifie respectivement les parties réelles et imaginaires :

$$\begin{cases} x^2 - y^2 = 3 \\ xy = -2 \end{cases} \Leftrightarrow \begin{cases} x^2 = y^2 + 3 \\ x = \dfrac{-2}{y} \end{cases} \Leftrightarrow \begin{cases} \dfrac{4}{y^2} = 3 + y^2 \\ x = \dfrac{-2}{y} \end{cases} \Leftrightarrow \begin{cases} 4 = 3y^2 + y^4 \\ x = \dfrac{-2}{y} \end{cases}.$$

Dès lors, comme on a une équation bicarrée, on remarque que si $y = 1$ est correct alors $y = -1$ est également correct. D'ailleurs avec $y = -1$ et $x = 2$ on a : $(2 - i)^2 = 4 - 4i - 1 = 3 - 4i = z_2{}^2$.

a. VRAI	**b.** FAUX	**c.** VRAI	**d.** VRAI	**e.** FAUX

■ Exercice 13

a. $\overrightarrow{QP} \cdot \overrightarrow{PR} = \overrightarrow{QP} \cdot \overrightarrow{PQ} + \underbrace{\overrightarrow{QP} \cdot \overrightarrow{QR}}_{=0} = -QP^2 = -1$,

$$-\overrightarrow{PS} \cdot \overrightarrow{PR} = -\overrightarrow{PS} \cdot \overrightarrow{PS} - \underbrace{\overrightarrow{PS} \cdot \overrightarrow{SR}}_{=0} = -PS^2 = -1.$$

b. $\overrightarrow{ST} \cdot \overrightarrow{PR} = \underbrace{\overrightarrow{ST} \cdot \overrightarrow{PS}}_{=0} + \underbrace{\overrightarrow{ST} \cdot \overrightarrow{SR}}_{=0} = 0$.

c. $\overrightarrow{QT} \cdot \overrightarrow{PR} = \left(\overrightarrow{QP} + \overrightarrow{PS} + \overrightarrow{ST}\right) \cdot \left(\overrightarrow{PS} + \overrightarrow{SR}\right)$

$$= \underbrace{\overrightarrow{QP} \cdot \overrightarrow{PS}}_{=0} + \overrightarrow{QP} \cdot \overrightarrow{SR} + \overrightarrow{PS} \cdot \overrightarrow{PS} + \underbrace{\overrightarrow{PS} \cdot \overrightarrow{SR}}_{=0} + \underbrace{\overrightarrow{ST} \cdot \overrightarrow{PS}}_{=0} + \underbrace{\overrightarrow{ST} \cdot \overrightarrow{SR}}_{=0}$$

$$= -QP \times SR + PS^2 = -1 + 1 = 0.$$

d. La droite (PW) n'est pas incluse dans le plan (PRV), elle est sécante en P (par définition) Donc P est le seul point qui puisse appartenir à (PW) et à une quelconque droite du plan (PRV).

e. $\overrightarrow{VQ'} \cdot \overrightarrow{PR} = 0$. En effet le triangle PRV est équilatéral, Q' est le centre du cercle circonscrit au triangle, donc les vecteurs $\overrightarrow{VQ'}$ et $\overrightarrow{PR}$ sont orthogonaux.

a. VRAI	**b.** VRAI	**c.** VRAI	**d.** FAUX	**e.** VRAI

Par définition, le produit scalaire est un test d'orthogonalité. Pensez à décomposer vos vecteurs selon des vecteurs horizontaux ou verticaux, cela vous donnera des calculs plus simples.

Exercice 14

a. Si Δ et D_m sont parallèles alors leurs vecteurs directeurs sont colinéaires. Or, des vecteurs directeurs de Δ et de D_m sont respectivement $\vec{u}(1\,;1\,;-1)$ et $\overrightarrow{IJ_m}(2\,;-m\,;m)$ qui ne sont colinéaires que si $m=-2$.

b. Δ et D_m sont orthogonales si et seulement si leurs vecteurs directeurs sont orthogonaux.
Or $\vec{u}\cdot\overrightarrow{IJ_m}=1\times 2+1\times(-m)+(1)\times m=2-m+m=2\neq 0$ donc $\vec{u}(1\,;1\,;-1)$ et $\overrightarrow{IJ_m}(2\,;-m\,;m)$ ne sont pas orthogonaux.

c. Un système paramétrique de la droite (IJ_m) est $\begin{cases} x=2t'+1 \\ y=-mt'+1,\ t'\in\mathbb{R} \\ z=mt' \end{cases}$.

Les deux droites sont sécantes si et seulement s'il existe t et t' tels que $\begin{cases} t=2t'+1 \\ t+1=-mt'+1 \\ -t+2=mt' \end{cases} \Leftrightarrow \begin{cases} t=2t'+1 \\ t=-mt' \\ mt'+2=mt' \end{cases}$, ce qui est absurde à la dernière ligne.

d. Cette assertion est le contraire de la précédente : vu que les droites ne sont pas sécantes quel que soit *m*, alors l'intersection est bien vide quel que soit *m*.

e. Cherchons t et t' tels que les systèmes paramétriques des droites vérifient l'équation du plan :
$2\times t+(1+t)+(2-t)-3=2t+1+t+2-t-3=2t=0\Leftrightarrow t=0$.
Donc, Δ coupe le plan au point de paramètre $t=0$.
Pour (IJ_m) on a $2(2t'+1)+(-mt'+1)+mt'-3=0\Leftrightarrow 4t'=0\Leftrightarrow t'=0$, même chose.

a. FAUX	**b.** VRAI	**c.** FAUX	**d.** VRAI	**e.** VRAI

Exercice 15

a. $\dfrac{6}{15}\times\dfrac{9}{14}=\dfrac{3\times 2\times 9}{3\times 5\times 2\times 7}=\dfrac{9}{35}$.

b. $\dfrac{6}{15}\times\dfrac{5}{14}=\dfrac{3\times 2\times 5}{3\times 5\times 2\times 7}=\dfrac{1}{7}$.

c. $\dfrac{9}{15}\times\dfrac{8}{14}=\dfrac{3\times 3\times 2\times 4}{3\times 5\times 2\times 7}=\dfrac{12}{35}$.

d. Cet événement est le contraire du b : « Les deux premiers dossiers sont favorables ». $1-\frac{1}{7}=\frac{6}{7}$.

e. $\frac{\binom{6}{3}\times\binom{9}{5}}{\binom{15}{8}}=\frac{\binom{6}{3}\times\binom{9}{4}}{\binom{15}{7}}=\frac{\frac{6\times5\times4}{3\times2\times1}\times\frac{9\times8\times7\times6}{4\times3\times2\times1}}{\frac{15\times14\times13\times12\times11\times10\times9}{7\times6\times5\times4\times3\times2\times1}}$

$$=\frac{\cancel{6}\times5\times\cancel{4}}{\cancel{3\times2}}\times\frac{\cancel{9}\times8\times7\times\cancel{6}}{\cancel{4}\times\cancel{3\times2}}\times\frac{\cancel{7}\times6\times5\times\cancel{4\times3}\times\cancel{2}}{15\times\cancel{14}\times13\times\cancel{12}\times11\times10\times\cancel{9}}$$

$$=\frac{\cancel{5}\times8\times7\times\cancel{2}\times\cancel{3}\times\cancel{5}}{\cancel{5}\times\cancel{3}\times13\times11\times\cancel{2}\times\cancel{5}}=\frac{56}{143}$$

a. VRAI	**b.** VRAI	**c.** FAUX	**d.** VRAI	**e.** VRAI

Mieux vaut bien décomposer les produits pour pouvoir simplifier au maximum ! Par ailleurs utilisez les propriétés des combinaisons.

■ Exercice 16

Avant de commencer cet exercice regardons ensemble la probabilité de tirer chaque nombre de 2 à 12.
Il y a 36 tirages possibles et les probabilités sont :

$p(S=2)=p(S=12)=\frac{1}{36}$;

$p(S=3)=p(S=11)=\frac{2}{36}$;

$p(S=4)=p(S=10)=\frac{3}{36}$;

$p(S=5)=p(S=9)=\frac{4}{36}$;

$p(S=6)=p(S=8)=\frac{5}{36}$;

$p(S=7)=\frac{6}{36}$.

S =	**1**	**2**	**3**	**4**	**5**	**6**
1	2	3	4	5	6	7
2	3	4	5	6	7	8
3	4	5	6	7	8	9
4	5	6	7	8	9	10
5	6	7	8	9	10	11
6	7	8	9	10	11	12

a. $p(X=20)=p([S=2]\cup[S=3])=p(S=2)+p(S=3)=\frac{1+2}{36}=\frac{1}{12}$.

$p(X=1)=p([S=10]\cup[S=11]\cup[S=12])$

$=p(S=10)+p(S=11)+p(S=12)=\frac{3+2+1}{36}=\frac{1}{6}$.

b. $p(X=5)=p(S=6)+p(S=7)+p(S=8)+p(S=9)$

$$=\frac{5+6+5+4}{36}=\frac{20}{36}=\frac{5}{9}.$$

c. $p(X\leq 5)=p(X=5)+p(X=1)=\frac{20}{36}+\frac{6}{36}=\frac{13}{18}$.

d. $p(X\geq 10)=p(X=10)+p(X=20)=p(S=4)+p(S=5)+p(X=20)$

$$=\frac{3+4+3}{36}=\frac{5}{18}.$$

e. $E(X)=1\times p(X=1)+5\times p(X=5)+10\times p(X=10)+20\times p(X=20)$

$$=\frac{6}{36}+\frac{5\times 20}{18}+\frac{10\times 7}{36}+\frac{20\times 3}{36}=\frac{236}{36}=\frac{59}{9}.$$

a. FAUX	**b.** VRAI	**c.** VRAI	**d.** VRAI	**e.** FAUX

■ Exercice 17

a. $x+y\equiv 2+3\equiv 5[7]$.

b. $xy\equiv 2\times 3\equiv 6[7]$.

c. $x^y\equiv 2^{7k+3}\equiv\left(2^7\right)^k\times 2^3\equiv\left(\underbrace{2^3}_{\equiv 1}\times\underbrace{2^3}_{\equiv 1}\times 2\right)^k\times\underbrace{8}_{\equiv 1}\equiv 2^k[7]$. Par exemple si $x=2$ et $y=10$, alors $x^y\equiv 2^{10}\equiv 1024\equiv 2[7]$.
La proposition est fausse en général et serait vraie si k était un multiple de 3.

d. $x\equiv 2[7]$: x n'est pas un nombre divisible par 7 ; puisque 7 est premier, alors x et 7 sont premiers entre eux. Le théorème de Bézout nous permet d'affirmer l'existence de u et v dans $\mathbb{Z}$ tels que $xu+7v=1$.

e. $y\equiv 3[7]$. Il s'agit exactement du même raisonnement : le théorème de Bézout nous donne l'existence de u et v dans $\mathbb{Z}$ tels que $yu+7v=1$.

a. VRAI	**b.** VRAI	**c.** FAUX	**d.** VRAI	**e.** VRAI

■ Exercice 18

On note $u\wedge v$ le PGCD de u et v, $D(u)$ l'ensemble des diviseurs d'un entier u et $D(u\,;v)$ l'ensemble des diviseurs communs à u et v.

a. Si $u\wedge v=1$, alors $D(u\,;v)=\{1\}$. Par conséquent $D(uv)=\{1\,;u\,;v\,;uv\}$: $u+v$ n'est divisible ni par u, ni par v, ni par uv.
Le seul diviseur commun à l'ensemble des diviseurs communs à $u+v$ et à uv est 1, c'est leur PGCD.

b. Si $(u+v)\wedge(uv)=1$ alors, d'après le théorème de Bézout, il existe a et b entiers tels que $a(u+v)+b(uv)=1$. En transformant l'écriture on obtient deux entiers A et B : $\underbrace{(a+bv)}_{A}u+\underbrace{a}_{B}\times v=1$, ce qui prouve que u et v sont premiers entre eux.

c. On choisit le contre-exemple suivant : $u=12$ et $v=15$ on a $u+v=27$ et $uv=180$. Donc $u\wedge v=12\wedge 15=3$ mais $(u+v)\wedge(uv)=27\wedge 180=9\neq 3$.

d. On suit le même raisonnement qu'au b mais avec le nombre 3.

e. En choisissant le contre-exemple suivant : $u=2$ et $v=2$, on a $u+v=4$ et $uv=4$. Donc $(u+v)\wedge(uv)=4\wedge 4=4$ mais $u\wedge v=2\wedge 2=2\neq 4$.

a. VRAI	**b.** VRAI	**c.** FAUX	**d.** VRAI	**e.** FAUX

■ Exercice 19

Sur $[0\,;\pi]$, $f(x)=-\dfrac{1}{2}\cos 2x+\cos x+\dfrac{3}{2}$; $g(x)=\dfrac{1-e^{-x}}{x}$ si $x>0$ et $g(0)=1$.

a. $f'(x)=-\dfrac{1}{2}(-2\sin 2x)-\sin x=\sin 2x-\sin x=2\sin x\cos x-\sin x$

$=\sin x(2\cos x-1)$.

b. Sur $\left[0\,;\dfrac{\pi}{3}\right]$ $\cos x\geq\dfrac{1}{2}$ et $\sin x\geq 0$ donc *f'* est positive et *f* est croissante.

c. On obtient le tableau de variation :

x	0		$\frac{\pi}{3}$		π
$2\cos x-1$		$+$	0	$-$	
$f'(x)$		$+$	0	$-$	
f	2	↗	$\frac{9}{4}$	↘	0

Le tableau indique que 0 est solution et qu'il y a exactement une autre solution dans $\left[\dfrac{\pi}{3}\,;\pi\right]$ puisque l'image de cet intervalle contient 2.

d. D'une part :

$$\int_0^{\frac{\pi}{3}}f(x)\,dx=\left[-\frac{1}{4}\sin 2x+\sin x+\frac{3}{2}x\right]_0^{\frac{\pi}{3}}=-\frac{1}{4}\times\frac{\sqrt{3}}{2}+\frac{\sqrt{3}}{2}+\frac{3}{2}\times\frac{\pi}{3}=\frac{3\sqrt{3}}{8}+\frac{\pi}{2},$$

d'autre part : $\displaystyle\int_{\frac{\pi}{3}}^{\frac{2\pi}{3}}f(x)\,dx=\left[-\frac{1}{4}\sin 2x+\sin x+\frac{3}{2}x\right]_{\frac{\pi}{3}}^{\frac{2\pi}{3}}$

$$= -\frac{1}{4}\times\frac{-\sqrt{3}}{2} + \frac{\sqrt{3}}{2} + \frac{3}{2}\times\frac{2\pi}{3} + \frac{1}{4}\times\frac{\sqrt{3}}{2} - \frac{\sqrt{3}}{2} - \frac{3}{2}\times\frac{\pi}{3} = \frac{\sqrt{3}}{4} + \frac{\pi}{2}.$$

Les deux intégrales ne sont pas égales (mais proches…).

e. $\int_0^{\pi} f(x)dx = \left[-\frac{1}{4}\sin 2x + \sin x + \frac{3}{2}x\right]_0^{\pi} = -\frac{1}{4}\times 0 + 0 + \frac{3\pi}{2} = \frac{3\pi}{2}$.

a. VRAI	**b.** VRAI	**c.** VRAI	**d.** FAUX	**e.** VRAI

■ Exercice 20

Sur $\mathbb{R}$ f paire, périodique de période 2π : pour tout $x \in [0\,;\pi]$, $f(x) = \pi - x$.

a. Par parité, $f(-\pi) = f(\pi) = \pi - \pi = 0$.

b. Toujours par parité, sur $[-\pi\,;0]$, f est affine avec $f(-\pi) = 0$ et $f(0) = \pi$. On trouve bien $f(x) = \pi + x$.

c. Intuitivement, c'est absurde ! Par le calcul, on aurait $f(2\pi) = \pi + 2\pi = 3\pi$ ce qui est impossible puisque f est de période 2π.

d. La valeur moyenne de f sur $[-\pi\,;\pi]$ est :

$$\mu = \frac{1}{\pi-(-\pi)}\int_{-\pi}^{\pi} f(x)dx = \frac{1}{2\pi}2\int_0^{\pi}(\pi - x)dx = \frac{1}{\pi}\left[\pi x - \frac{x^2}{2}\right]_0^{\pi} = \frac{1}{\pi}\left[\pi^2 - \frac{\pi^2}{2}\right] = \frac{\pi}{2}$$

.

e. Sur $[0\,;2\pi]$ la valeur moyenne de f est bien égale à $\frac{\pi}{2}$.

La valeur moyenne d'une fonction T-périodique sur tout intervalle de longueur T est forcément la même (faites des petits dessins…).

a. VRAI	**b.** VRAI	**c.** FAUX	**d.** FAUX	**e.** VRAI

La valeur moyenne d'une fonction f continue sur un intervalle $[a\,;b]$ *est :* $\mu = \frac{1}{b-a}\int_a^b f(x)dx$.

Une fonction f est dite T-périodique si $\forall x \in D_f,\ f(x+T) = f(x)$.

Calculatrice interdite ; 2 heures ; répondre par Vrai ou Faux sans justification. Bonus si bonne réponse, malus si mauvaise réponse, rien si pas de réponse.

Exercice 1

a. $\lim\limits_{x\to+\infty} \dfrac{\ln x}{x} = 0$.

b. $\lim\limits_{x\to+\infty} \dfrac{\ln\left(x^2\right)}{x} = 0$.

c. $\lim\limits_{x\to+\infty} \dfrac{(\ln x)^2}{x} = 0$.

d. $\lim\limits_{x\to+\infty} \dfrac{\ln x}{\ln\left(x^2\right)} = 0$.

e. $\lim\limits_{x\to+\infty} \dfrac{\sqrt{x+1}\ln x}{x} = 0$.

Exercice 2

Pour toutes fonctions f et g définies sur $[1\,;+\infty[$:

a. Si $\lim\limits_{x\to+\infty} f(x) = +\infty$ et $\lim\limits_{x\to+\infty} g(x) = +\infty$ alors $\lim\limits_{x\to+\infty} \dfrac{f(x)}{g(x)} = 1$.

b. Si $\lim\limits_{x\to+\infty} f(x) = 0$ et $\lim\limits_{x\to+\infty} g(x) = 0$ alors $\lim\limits_{x\to+\infty} \dfrac{f(x)}{g(x)} = 1$.

c. Si $\lim\limits_{x\to+\infty} \dfrac{f(x)}{g(x)} = +\infty$ alors $\lim\limits_{x\to+\infty} f(x) = +\infty$.

d. Si $\lim\limits_{x\to+\infty} \dfrac{f(x)}{g(x)} = 0$ alors $\lim\limits_{x\to+\infty} f(x) = 0$.

e. Si $\lim\limits_{x\to+\infty} \dfrac{f(x)}{g(x)} = 1$ alors il existe $a \in [1\,;+\infty[$ tel que pour tout $x \in [a\,;+\infty[$: $f(x) = g(x)$.

Exercice 3

Soit f la fonction définie sur $[-3\,;4]$ par $f(x) = 4 + 3x^2 - x^4$. (C) sa courbe représentative dans un repère orthonormal $(O\,;\vec{i},\vec{j})$.

a. (C) admet exactement trois tangentes horizontales.

b. (C) admet au point d'abscisse 2 une tangente d'équation $y = -20x + 40$.

c. f est décroissante sur $[-1\,;0]$.

d. f est croissante sur $[-3\,;-2]$.

e. L'équation $f(x) = 0$ admet exactement deux solutions distinctes dans $[-3\,;4]$.

■ Exercice 4

Soit f la fonction définie sur $\mathbb{R}\setminus\{2\}$ par $f(x)=\frac{x}{4}+\frac{1}{x-2}$. On note (C) sa courbe représentative dans un repère orthonormal $(O;\vec{i},\vec{j})$, T_a la tangente à (C) au point d'abscisse a.

a. T_1 est parallèle à T_3.

b. Il existe $a\in\left]2;+\infty\right[$ tel que le point $M(a;f(a))$ soit un point d'intersection de T_1 avec (C).

c. Il existe $b\in\left]2;+\infty\right[$ tel que T_1 soit perpendiculaire à T_b.

d. Il existe $c\in\left]2;+\infty\right[$ tel que T_{-2} soit parallèle à T_c.

e. Il existe $d\in\left]2;+\infty\right[$ tel que T_{-2} soit perpendiculaire à T_d.

■ Exercice 5

Soit f la fonction définie sur $\mathbb{R}$ par $f(x)=3\frac{x^2-x}{x^2-x+1}$.

a. Pour tout $x\in\mathbb{R}$, $f'(x)=3\frac{2x-1}{\left(x^2-x+1\right)^2}$.

b. f est croissante sur $\left[2;+\infty\right[$.

c. Pour tout $x\in\left[1;+\infty\right[$, $f(x)\geq 0$.

d. L'équation $f(x)=1$ admet exactement deux solutions distinctes.

e. L'équation $f(x)=-1$ admet exactement deux solutions distinctes.

■ Exercice 6

La fonction f est dérivable sur $\mathbb{R}$ et a le tableau de variations suivant : (les flèches obliques indiquent une monotonie stricte)

x	$-\infty$		0		$+\infty$
$f(x)$	0	↗	1	↘	0

f peut être définie par :

a. $f(x)=1+x\sin x$.

b. $f(x)=\frac{1}{1+x^2}$.

c. $f(x)=\frac{1}{1+\ln\left(x^2+1\right)}$.

d. $f(x)=e^{-x^2}$.

e. $f(x)=e^{-x}\left(1+e^{2x}\right)$.

Exercice 7

Un bateau N est au mouillage près d'une côte rectiligne. Le point de la côte le plus proche, noté H, est à 4 km.
Le skipper doit arriver au plus vite au village V situé à 11 km du point H, sur la côte.
La vitesse du skipper est limitée à 5 km/h en canot et 6 km/h à pied.
On note M le point d'accostage, x la distance HM et $f(x)$ le temps de trajet total.

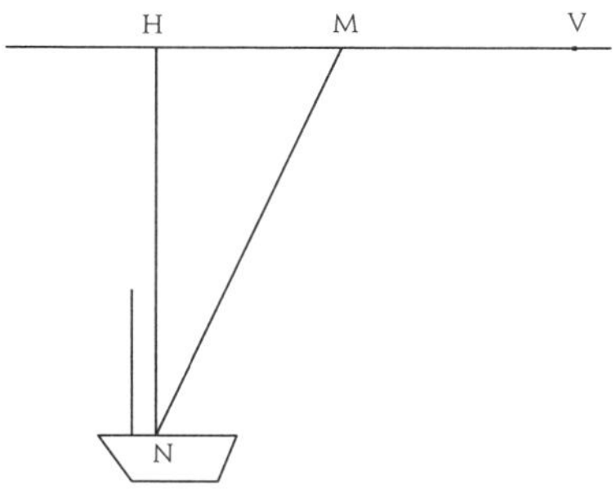

a. Pour tout $x \in [0\,;11]$, $f(x) = \dfrac{\sqrt{16+x^2}}{5} + \dfrac{11-x}{6}$.

b. Pour tout $x \in [0\,;11]$, $f'(x) = \dfrac{1}{10\sqrt{16+x^2}} - \dfrac{1}{6}$.

c. f admet un minimum en $x = 0$.

d. Le skipper pour aller au plus vite doit accoster au village.

e. Le skipper pour aller au plus vite doit accoster au point M tel que $\text{HM} = \dfrac{20}{\sqrt{11}}$.

Exercice 8

Soit f une fonction numérique **paire**, définie et dérivable sur $\mathbb{R}$, dont la courbe représentative dans un repère orthonormé $(O\,;\vec{i},\vec{j})$ est sur $[0\,;+\infty[$:

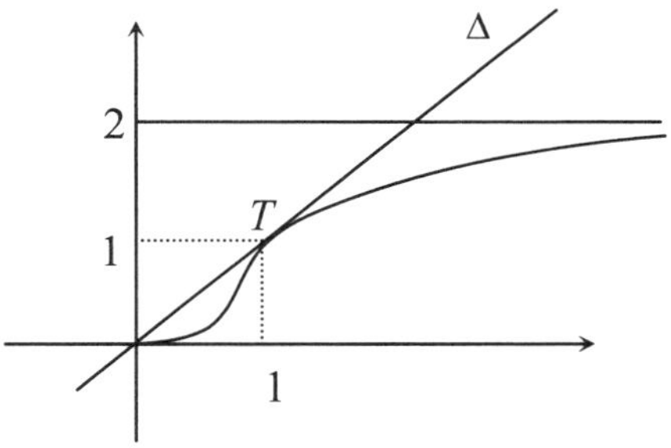

La droite d'équation $y = 2$ est asymptote à la courbe. La droite Δ est tangente à la courbe au point T.

a. $f'(1) = 1$.

b. $\lim\limits_{x \to -\infty} f(x) = -2$.

c. Pour tout $x \in \mathbb{R}$, $f'(x) \geq 0$.

d. f est décroissante sur $]-\infty\,;0]$.

e. $\int_{-1}^{1} f(x)\,dx = 0$.

■ Exercice 9

Soit C un cône de hauteur 4 cm et de rayon de base 2 cm. C' est un cylindre de hauteur h et de rayon r inscrit dans le cône C.

a. L'équation déterminant C est : $x^2 + y^2 = 4 - z$.

b. Le volume de C' est $\pi r^2 h$.

c. $h = 4 - r$.

d. Le volume de C' est maximal pour : $h = 2$ cm.

e. Le volume maximal de C' est 4π cm^3.

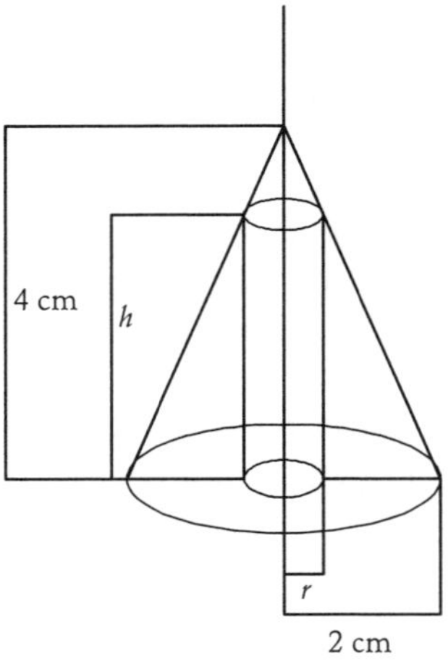

■ Exercice 10

Soit f la fonction définie sur $\mathbb{R} \setminus \{-1\}$ par : $f(x) = \dfrac{x^2 - 4}{x+1}$.

a. $\lim\limits_{x \to +\infty} \left[f(x) - x \right] = -1$.

b. Il existe $a \in \mathbb{R}$ tel que pour tout $x \in \mathbb{R} \setminus \{-1\}$: $f(x) = x - 1 + \dfrac{a}{x+1}$.

c. Pour tout $b \in \mathbb{R}$, l'équation $f(x) = b$ admet exactement deux solutions distinctes.

d. $\int_0^1 f(x)dx \geq 0$.

e. $\int_{-3}^{-2} f(x)dx \leq \int_0^1 f(x)dx$.

■ Exercice 11

Soit f la fonction définie sur $\mathbb{R}$ par $f(x) = x^3 \cos x - \sin x$.

a. f est une fonction impaire.

b. $\int_{-\frac{\pi}{2}}^{0} f(x)dx = \int_0^{\frac{\pi}{2}} f(x)dx$.

c. $\int_0^{\frac{\pi}{2}} x^2 \sin x dx = -2 \int_0^{\frac{\pi}{2}} x \cos x dx$.

d. $\int_0^{\frac{\pi}{2}} x \cos x dx = \dfrac{\pi}{2} - 1$.

e. $\int_0^{\frac{\pi}{2}} f(x)dx = \dfrac{\pi^3}{8} - 3\pi$.

Exercice 12

a. Pour tout $x \in \mathbb{R}$, il existe $y \in \mathbb{R}$, $x + y > 0$.

b. Il existe $x \in \mathbb{R}$, pour tout $y \in \mathbb{R}$, $x + y > 0$.

c. Pour tout $x \in \mathbb{R}$, pour tout $y \in \mathbb{R}$, $(x+y)^2 = x^2 + y^2$.

d. Pour tout $x \in \mathbb{R}$, il existe $y \in \mathbb{R}$, $(x+y)^2 = x^2 + y^2$.

e. Il existe $x \in \mathbb{R}$, pour tout $y \in \mathbb{R}$, $(x+y)^2 = x^2 + y^2$.

Exercice 13

Pour toute suite réelle (u_n), on considère les énoncés suivants :

P : « pour tout $n \in \mathbb{N}$, il existe $M \in \mathbb{R}$, $|u_n| \leq M$ »

Q : « il existe $M \in \mathbb{R}$, pour tout $n \in \mathbb{N}$, $|u_n| \leq M$ »

a. Si P est vrai alors Q est vrai.

b. Si Q est vrai alors P est vrai.

c. Si (u_n) est croissante et vérifie P alors (u_n) est convergente.

d. Si (u_n) est décroissante alors (u_n) vérifie Q.

e. Si (u_n) est convergente alors (u_n) vérifie Q.

Exercice 14

Pour toute suite réelle (u_n) :

a. Si (u_n) est strictement décroissante alors $\lim\limits_{n \to +\infty} u_n = -\infty$.

b. Si (u_n) n'est pas minorée alors $\lim\limits_{n \to +\infty} u_n = -\infty$.

c. Si $\lim\limits_{n \to +\infty} u_n = -\infty$ alors (u_n) est décroissante à partir d'un certain rang.

d. Si $\lim\limits_{n \to +\infty} u_n = -\infty$ alors (u_n) est majorée.

e. (u_n) est soit majorée soit minorée.

Exercice 15

x, y, z sont trois réels. On considère les énoncés suivants :

P : « Si $x = 1$ alors $z = 2$ ou $y = 3$ »

Q : « Si $z = 2$ et $y = 4$ alors $x = 3$ »

a. P équivaut à l'énoncé : « Si $x = 1$ et $z \neq 2$ alors $y = 3$ ».

b. Q équivaut à l'énoncé : « (Si $z = 2$ alors $x = 3$) et (si $y = 4$ alors $x = 3$) ».

c. La négation de P est : « Si $x = 1$ alors $z \neq 2$ ou $y \neq 3$ ».

d. La négation de P est : « $x = 1$ et $z \neq 2$ et $y \neq 3$ ».

e. La négation de Q est : « Si $x \neq 1$ alors $z \neq 2$ ou $y \neq 4$ ».

Exercice 16

Soit ω un réel strictement positif. Soit $z = \dfrac{1+i\omega}{1-i\omega}$.

a. La partie réelle de z est égale à 1.

b. La partie imaginaire de z est égale à $\dfrac{2\omega}{1+\omega^2}$.

c. Le module de z est égal à 1.

d. Le module de $\dfrac{(1+i\omega)^2}{1-i\omega}$ est égal à $\sqrt{1+\omega^2}$.

e. Le module de $\dfrac{1+i\omega}{(1-i\omega)^2}$ est égal au module de $\dfrac{(1+i\omega)^2}{1-i\omega}$.

Exercice 17

A tout nombre complexe z différent de -2, on associe le nombre complexe $Z = \dfrac{z-i}{z+2}$. L'ensemble des points d'affixe z tel que :

a. Z est un nombre réel est une droite.

b. Z est un nombre réel strictement positif est un demi-cercle.

c. $\arg Z = 2k\pi \ (k \in \mathbb{Z})$ est une droite.

d. $Z - \overline{Z} = 0$ est un cercle.

e. $|Z| = 1$ est une droite.

Exercice 18

Dans l'espace rapporté à un repère orthonormal $(O\,;\vec{i}, \vec{j}, \vec{k})$, on considère les points $P(0\,;0\,;\sqrt{2})$, $Q(-1\,;\sqrt{3}\,;0)$, $R(-1\,;-\sqrt{3}\,;0)$.

a. Tout point de l'axe $(O\,;\vec{i})$ est équidistant des points P et Q.

b. Tout point de l'axe $(O\,;\vec{j})$ est équidistant des points P et R.

c. Il existe un unique point S de l'axe $(O\,;\vec{i})$ tel que le triangle PQS soit équilatéral.

d. Pour tout point T de l'axe $(O\,;\vec{i})$ le triangle PRT est équilatéral.

e. L'ensemble des points M de l'espace tels que le tétraèdre $PQRM$ soit régulier a exactement deux éléments.

Exercice 19

Dans l'espace rapporté à un repère orthonormal $(O\,;\vec{i},\vec{j},\vec{k})$, on considère :
le plan P passant par $L(0\,;1\,;1)$ et de vecteur normal $\vec{n}(1\,;2\,;-1)$;
le plan Q d'équation $x-y-z+3=0$;
le point $M(1\,;1\,;1)$.

a. P et Q sont perpendiculaires.

b. Le point $N\left(-2\,;\dfrac{4}{3}\,;-\dfrac{1}{3}\right)$ appartient à l'intersection de P et Q.

c. La distance de *M* à P est égale à 1.

d. La distance de *M* à P est égale à la distance *LM.*

e. L'intersection de la droite (*LM*) et du plan Q est vide.

Exercice 20

On dispose d'un lot L de vis provenant pour 30 % de l'usine U, 50 % de l'usine V et 20 % de l'usine W.
La probabilité qu'une vis venant de U soit défectueuse est 0,03.
La probabilité qu'une vis venant de V soit défectueuse est 0,02.
La probabilité qu'une vis venant de W soit défectueuse est 0,04.
On tire au hasard une vis du lot L.

a. La probabilité que la vis vienne de U **et** soit défectueuse est $\dfrac{9}{100}$.

b. La probabilité que la vis vienne de U ou V est $\dfrac{8}{10}$.

c. La probabilité que la vis soit défectueuse **sachant** qu'elle provient de V est $\dfrac{1}{100}$.

d. La probabilité que la vis soit défectueuse est $\dfrac{27}{1000}$.

e. La probabilité que la vis vienne de W **sachant** qu'elle est défectueuse est $\dfrac{1}{5}$.

Un peu de stratégie

Mêmes commentaires que pour l'ESIEE 2009 ; on a choisi de proposer le corrigé de ce sujet même s'il date un peu car il est assez général et les résolutions proposées peuvent servir dans de nombreux cas.

Grille des réponses

1.a	**V**	5.a	**V**	9.a	**F**	13.a	**F**	17.a	**V**
1.b	**V**	5.b	**V**	9.b	**V**	13.b	**V**	17.b	**F**
1.c	**V**	5.c	**V**	9.c	**F**	13.c	**F**	17.c	**V**
1.d	**F**	5.d	**V**	9.d	**F**	13.d	**F**	17.d	**F**
1.e	**V**	5.e	**F**	9.e	**F**	13.e	**V**	17.e	**V**
2.a	**F**	6.a	**F**	10.a	**V**	14.a	**F**	18.a	**F**
2.b	**F**	6.b	**V**	10.b	**V**	14.b	**F**	18.b	**F**
2.c	**F**	6.c	**V**	10.c	**V**	14.c	**F**	18.c	**F**
2.d	**F**	6.d	**V**	10.d	**F**	14.d	**V**	18.d	**F**
2.e	**F**	6.e	**F**	10.e	**F**	14.e	**F**	18.e	**F**
3.a	**V**	7.a	**V**	11.a	**V**	15.a	**V**	19.a	**V**
3.b	**V**	7.b	**F**	11.b	**F**	15.b	**V**	19.b	**V**
3.c	**F**	7.c	**F**	11.c	**F**	15.c	**F**	19.c	**F**
3.d	**V**	7.d	**F**	11.d	**V**	15.d	**V**	19.d	**F**
3.e	**V**	7.e	**V**	11.e	**F**	15.e	**F**	19.e	**F**
4.a	**V**	8.a	**V**	12.a	**V**	16.a	**F**	20.a	**F**
4.b	**F**	8.b	**F**	12.b	**F**	16.b	**V**	20.b	**V**
4.c	**F**	8.c	**V**	12.c	**F**	16.c	**V**	20.c	**F**
4.d	**V**	8.d	**V**	12.d	**V**	16.d	**V**	20.d	**V**
4.e	V	8.e	**F**	12.e	**V**	16.e	**F**	20.e	**F**

Exercice 1

a. C'est du cours, il s'agit d'un résultat à connaître et on a mieux encore :

$$\forall \alpha > 0,\ \lim_{x \to +\infty} \frac{\ln x}{x^{\alpha}} = 0 .$$

b. On en déduit d'ailleurs que :

$$\lim_{x\to+\infty}\frac{\ln\left(x^2\right)}{x}=\lim_{x\to+\infty}\frac{2\ln x}{x}=\lim_{x\to+\infty}2\times\frac{\ln x}{x}=2\times 0=0\,.$$

c. On sent que de toute façon, ce rapport tend vers 0 puisque « ln perd devant toute fonction polynôme ». Et en effet, on peut le démontrer ainsi :

$$\lim_{x\to+\infty}\frac{\ln(x)^2}{x}=\lim_{x\to+\infty}\left(\frac{\ln x}{\sqrt{x}}\right)^2=0^2=0\,.$$

d. Ici, à nouveau, il faut connaître ses formules :

$$\lim_{x\to+\infty}\frac{\ln(x)}{\ln\left(x^2\right)}=\lim_{x\to+\infty}\frac{\ln x}{2\ln x}=\lim_{x\to+\infty}\frac{1}{2}=\frac{1}{2}\,.$$

e. Et encore, on utilise les mêmes formules :

$$\lim_{x\to+\infty}\frac{\sqrt{x+1}\,\ln(x)}{x}=\lim_{x\to+\infty}\sqrt{x+1}\,\frac{\ln x}{x}=1\times 0=0.$$

a. VRAI	**b.** VRAI	**c.** VRAI	**d.** FAUX	**e.** VRAI

N'oubliez pas que ln perd devant toute puissance de x :

à l'infini $\forall\alpha>0,\ \lim_{x\to+\infty}\frac{\ln x}{x^\alpha}=0$ *et en 0 :* $\forall\alpha>0,\ \lim_{x\to 0^+}x^\alpha\ln x=0$.

■ Exercice 2

Attention, voilà un exercice qui porte sur les règles de calcul des limites de fonctions.
Partez du principe que si une règle était vraie, on le saurait.
Pour cet exercice, on peut répondre FAUX à toutes les propositions assez facilement, mais pour le démontrer il faut trouver à chaque fois un bon contre-exemple.

a. Avec $f(x)=x^2$ et $g(x)=x$, on a bien $\lim_{x\to+\infty}f(x)=+\infty$ et $\lim_{x\to+\infty}g(x)=+\infty$ mais on n'a pas : $\lim_{x\to+\infty}\frac{f(x)}{g(x)}=1$ (on aurait aussi pu s'inspirer de l'exercice précédent avec ln et une puissance de x).

b. Avec $f(x)=\frac{1}{x}$ et $g(x)=\frac{1}{x^2}$, on a bien $\lim_{x\to+\infty}f(x)=0$ et $\lim_{x\to+\infty}g(x)=0$ mais on n'a pas : $\lim_{x\to+\infty}\frac{f(x)}{g(x)}=1$.

c. Avec $f(x)=\frac{1}{x}$ et $g(x)=\frac{1}{x^2}$ on a bien : $\frac{f(x)}{g(x)}=\ldots=x\to+\infty$ sans que $\lim_{x\to+\infty}f(x)=+\infty$.

d. Pour $\lim\limits_{x \to +\infty} \dfrac{f(x)}{g(x)} = +\infty$ il suffit de prendre l'exemple de l'exercice précédent :

$\forall \alpha > 0,\ \lim\limits_{x \to +\infty} \dfrac{\ln x}{x^{\alpha}} = 0$.

e. Là, certainement pas : avec $f(x) = x + 1$ et $g(x) = x$, on n'a jamais $f(x) = g(x)$ mais on a bien $\lim\limits_{x \to +\infty} \dfrac{f(x)}{g(x)} = 1$.

a. FAUX	**b.** FAUX	**c.** FAUX	**d.** FAUX	**e.** FAUX

■ Exercice 3

On a $f(x) = 4 + 3x^2 - x^4$ sur $[-3\,;4]$.

On rappelle que pour une fonction dérivable en a, l'équation de la tangente en a à sa courbe est : $y = f'(a)(x-a) + f(a)$.
Le coefficient directeur de cette tangente est $f'(a)$.

a. Quand on entend parler de *tangente* on pense *nombre dérivé* et donc à calculer la dérivée : $f'(x) = 6x - 4x^3$. On cherche des tangentes horizontales donc des tangentes de coefficients directeurs nuls : cherchons alors les solutions de $f'(x) = 0$:

$$f'(x) = 0 \Leftrightarrow 6x - 4x^3 = 0 \Leftrightarrow 2x\left(3 - 2x^2\right) = 0 \Leftrightarrow 2x = 0 \text{ ou } x^2 = \frac{2}{3}$$

$$\Leftrightarrow x = 0 \text{ ou } x = \sqrt{\frac{2}{3}} \text{ ou } x = -\sqrt{\frac{2}{3}}.$$

Ces trois nombres sont bien dans $[-3\,;4]$, la courbe admet bien trois tangentes horizontales.

b. En 2 : $f'(2) = -20$, $f(2) = 0$, $y = -20x + 40$.

c. Le tableau de variation ci-dessous permet de répondre à la question.

x	-3		α		$-\sqrt{\frac{2}{3}}$		0		$\sqrt{\frac{2}{3}}$		β		4
$3x$		$-$		$-$		$-$	0	$+$		$+$		$+$	
$3-2x^2$		$-$		$-$	0	$+$		$+$	0	$-$		$-$	
$f'(x)$		$+$		$+$	0	$-$	0	$+$	0	$-$		$-$	
f	-50	↗	0	↗	$\frac{50}{9}$	↘	4	↗	$\frac{50}{9}$	↘	0	↘	-204

Ainsi f n'est pas décroissante sur $[-1\,;0]$ (on aura remarqué que $-\sqrt{\frac{2}{3}} > -1$).

d. En revanche f est bien croissante sur $[-3\,;-2]$.

e. Oui, bien sûr, d'après le tableau de variations.

a. VRAI	**b.** VRAI	**c.** FAUX	**d.** VRAI	**e.** VRAI

■ Exercice 4

Attention, cet exercice est très calculatoire. Le jour du concours, si vous ne vous sentez pas à l'aise dans ce type de calculs, mieux vaut peut-être passer à la suite.
Mais pour l'instant, cela vaut toujours le coup de regarder comment on s'y prend. Allez, courage !
Et parfois, ça peut même devenir simple !

$f(x)=\frac{x}{4}+\frac{1}{x-2}$, $f'(x)=\frac{1}{4}-\frac{1}{(x-2)^2}=\frac{(x-2)^2-4}{4(x-2)^2}=\ldots=\frac{x(x-4)}{4(x-2)^2}$.

x	$-\infty$		0		2		4		$+\infty$
f'		$+$	0	$-$	‖	$-$	0	$+$	
f		↗	$\frac{-1}{2}$	↘	‖	↘	$\frac{3}{2}$	↗	

a. T_1 parallèle à T_3 signifie que les deux tangentes ont le même coefficient directeur ; or le coefficient directeur de T_a est le nombre dérivé $f'(a)$.

Comme $f'(1)=\frac{1(1-4)}{4(1-2)^2}=\frac{-3}{4}$ et $f'(3)=\frac{3(3-4)}{4(3-2)^2}=\frac{-3}{4}$, ces deux tangentes sont bien parallèles.

b. Là, on n'a pas le choix, il faut se lancer dans la résolution : chercher un point d'intersection entre (C) et T_1 revient à résoudre

$$f(x)=f'(1)(x-1)+f(1).$$

$\frac{x}{4}+\frac{1}{x-2}=\frac{-3}{4}(x-1)+\frac{1}{4}-1 \Leftrightarrow \frac{x(x-2)+4}{4(x-2)}=\frac{-3x}{4}$

$\Leftrightarrow 4[x(x-2)+4]=-12x(x-2)$, en faisant un produit en croix ;

$\Leftrightarrow 16x^2-32x+16=0$ après simplifications. On peut chercher le discriminant ou mettre 16 en facteur et voir apparaître $x^2-2x-1=0 \Leftrightarrow x=1$.

Donc, il n'y a aucun autre point d'intersection que le point de tangence.

c. Les tangentes T_1 et T_b sont perpendiculaires si et seulement si $f'(1)f'(b)=-1$.

1re méthode

$$f'(1)f'(b)=-1 \Leftrightarrow \frac{-3}{4}\times\frac{b(b-4)}{4(b-2)^2}=-1 \text{, en remplaçant ;}$$

$$\Leftrightarrow -3b(b-4)=-16\times(b-2)^2 \text{, en faisant un produit en croix ;}$$

$$\Leftrightarrow -3b^2+12b=-16\times\left(b^2-4b+4\right) \text{, en développant ;}$$

$$\Leftrightarrow 13b^2-52b+64=0 \text{, en transposant dans le 1}^{\text{er}} \text{ membre.}$$

$$\Delta=b^2-4ac=(-52)^2-4\times13\times64=(4\times13)^2-4\times13\times4\times16$$

$$=4\times13\times(4\times13-4\times16)=4\times13\times4\times(13-16)4\times13\times4\times(-3)<0.$$

Donc il n'y a aucune solution, c'est-à-dire pas de tangente perpendiculaire à T_1.

2e méthode

Avec $f'(x)=\frac{1}{4}-\frac{1}{(x-2)^2}$, on a $f'(1)f'(b)=-1 \Leftrightarrow \frac{-3}{4}\times\left[\frac{1}{4}-\frac{1}{(b-2)^2}\right]=-1$,

$$\Leftrightarrow \frac{1}{4}-\frac{1}{(b-2)^2}=\frac{4}{3} \Leftrightarrow \frac{1}{(b-2)^2}=-\frac{12}{13}$$

ce qui est impossible (et plus facile à calculer).

Résultat à connaître :
deux droites d'équations respectives y = ax + b et y = a'x + b' sont perpendiculaires si et seulement si le produit de leurs coefficients directeurs vaut –1.
Cela se démontre par exemple en prenant les équations cartésiennes. On trouve alors des vecteurs normaux orthogonaux à cette seule condition.

d. T_{-2} parallèle à T_c signifie que : $f'(c)=\frac{1}{4}-\frac{1}{(c-2)^2}=f'(-2)=\frac{3}{16}$, soit $-\frac{1}{(c-2)^2}=\frac{3}{16}-\frac{1}{4}=\frac{3-4}{16}=-\frac{1}{16}$ ce qui donne $(c-2)^2=16$ d'où $c-2=\pm4$ et enfin $c=6$ ou $c=2$.

e. Les tangentes T_{-2} et T_d sont perpendiculaires si et seulement si

$$f'(-2)f'(d)=-1 \Leftrightarrow \frac{3}{16}\times\left[\frac{1}{4}-\frac{1}{(d-2)^2}\right]=-1 \text{, soit } (d-2)^2=\frac{12}{67}>0.$$

Ainsi, $d-2=\pm\sqrt{\frac{12}{67}}$ et on a en particulier, $d=2+\sqrt{\frac{12}{67}}>2$.

a. VRAI	**b.** FAUX	**c.** FAUX	**d.** VRAI	**e.** VRAI

■ Exercice 5

$f(x)=3\dfrac{x^2-x}{x^2-x+1}=3\dfrac{u}{v}$.

a. $f'(x)=3\dfrac{u'v-v'u}{v^2}=3\dfrac{(2x-1)(x^2-x+1)-(2x-1)(x^2-x)}{(x^2-x+1)^2}=3\dfrac{2x-1}{(x^2-x+1)^2}$.

b. $f\left(\dfrac{1}{2}\right)=3\dfrac{\frac{1}{4}-\frac{1}{2}}{\frac{1}{4}-\frac{1}{2}+1}=\dfrac{-\frac{3}{4}}{\frac{3}{4}}=-1$; de plus $\lim\limits_{x\to+\infty} f(x)=\lim\limits_{x\to-\infty} f(x)=3$ (la limite du quotient est égale à 1 puisque c'est le terme de plus haut degré qui l'emporte et $\dfrac{x^2}{x^2}\to 1$).

On obtient donc le tableau des variations de f suivant :

x	$-\infty$	α	$\frac{1}{2}$	β	$+\infty$
$2x-1$	$-$	$-$	0 $+$		$+$
$(x^2-x+1)^2$	$+$	$+$	$+$		$+$
$f'(x)$	$-$	$-$	0 $+$		$+$
f	3 ↘	1 ↘	-1 ↗	1	↗ 3

f est donc bien croissante sur $[2\,;+\infty[$.

c. $f(1)=3\dfrac{1-1}{1-1+1}=0$ et f est croissante sur $[1\,;+\infty[$ donc $f(x)\geq 0$ sur $[1\,;+\infty[$.

d. L'équation $f(x)=1$ admet exactement deux solutions distinctes vu le tableau de variations. Pour le démontrer rigoureusement il faut appliquer le théorème des valeurs intermédiaires sur $\left[\dfrac{1}{2}\,;+\infty\right[$ et sur $\left]-\infty\,;\dfrac{1}{2}\right]$.

e. L'équation $f(x)=-1$ admet une unique solution d'après le tableau de variation, -1 est le minimum de f.

a. VRAI	**b.** VRAI	**c.** VRAI	**d.** VRAI	**e.** FAUX

■ Exercice 6

a. A priori $f(x)=1+x\sin x$ n'inspire pas vraiment confiance : on sait que la fonction sinus est périodique ; d'instinct, on répondrait « faux ».
Plus rigoureusement on peut constater que la fonction f ne peut avoir les variations du tableau car $f(0)=f(\pi)=f(2\pi)=f(3\pi)=f(4\pi)=...=1$.

b. $f(x)=\dfrac{1}{1+x^2}$ semble plausible puisque f est paire, que $f(0)=1$ et que clairement $\lim\limits_{x\to\pm\infty} f(x)=0^+$. On peut répondre « vrai ».

S'il fallait justifier, on calculerait $f'(x)=\dfrac{-2x}{\left(1+x^2\right)^2}$ et on obtiendrait bien ce tableau de variation.

c. Même raisonnement avec $f(x)=\dfrac{1}{1+\ln\left(x^2+1\right)}$.

d. À nouveau même raisonnement avec $f(x)=e^{-x^2}$.

e. Par contre, $f(x)=e^{-x}\left(1+e^{2x}\right)=e^{-x}+e^{x}$ (en développant) ne semble pas correcte au départ, ne serait-ce qu'en regardant ses limites en l'infini. En effet, $\lim\limits_{x\to+\infty} e^{-x}=0$ et $\lim\limits_{x\to+\infty} e^{x}=+\infty$ d'où $\lim\limits_{x\to+\infty} f(x)=+\infty$.

a. FAUX	**b.** VRAI	**c.** VRAI	**d.** VRAI	**e.** FAUX

■ Exercice 7

Dans cet exercice on utilise exclusivement le théorème de Pythagore qui donne dans le triangle MNH rectangle H : $MN^2=MH^2+HN^2$*.*
D'autre part mieux vaut connaître la relation liant la vitesse, la distance et le temps : $d=vt \Leftrightarrow t=\dfrac{d}{v}$*.*

a. $f(x)=t_{[NM]}+t_{[MV]}=\dfrac{NM}{5}+\dfrac{MV}{6}=\dfrac{\sqrt{NM^2}}{5}+\dfrac{MH-HM}{6}=\dfrac{\sqrt{4^2+x^2}}{5}+\dfrac{11-x}{6}$

$=\dfrac{\sqrt{16+x^2}}{5}+\dfrac{11-x}{6}$.

b. $f'(x)=\dfrac{1}{5}\dfrac{2x}{2\sqrt{16+x^2}}+\dfrac{1}{6}\times(-1)=\dfrac{x}{5\sqrt{16+x^2}}-\dfrac{1}{6}$.

La formule proposée est donc fausse.

c. $f'(x)=0 \Leftrightarrow \dfrac{x}{5\sqrt{16+x^2}}=\dfrac{1}{6} \Leftrightarrow 6x=5\sqrt{16+x^2} \Leftrightarrow 36x^2=25\left(16+x^2\right)$ car x est positif (x est une longueur). En développant on a

$$36x^2 = 400 + 25x^2 \Leftrightarrow 11x^2 = 400 \Leftrightarrow x^2 = \frac{400}{11} \Rightarrow x = \frac{20}{\sqrt{11}}.$$

Donc f n'admet pas un minimum en $x = 0$ mais en $x = \dfrac{20}{\sqrt{11}}$.

d. Non, surtout vu le calcul qu'on vient de faire.

Pensez de manière intuitive ! Il y a forcément un juste « milieu ». Le chemin le plus court en temps ne peut pas être en allant directement au village ni en allant directement en H.

e. Oui ! Tout à fait !

a. VRAI	**b.** FAUX	**c.** FAUX	**d.** FAUX	**e.** VRAI

■ Exercice 8

On sait que f est définie et dérivable sur $\mathbb{R}$ et qu'elle est **paire**.

Notez bien que c'est écrit en ***gras****. Ca va servir !*

a. $f'(1) = 1$ est tout à fait vrai, car $f'(1)$ est le coefficient directeur de la tangente à la courbe en $x = 1$.
b. $\lim\limits_{x \to -\infty} f(x) = \lim\limits_{x \to +\infty} f(x)$ puisque f est paire donc $\lim\limits_{x \to -\infty} f(x) = +2$.
c. f étant croissante sur $\mathbb{R}^+$ alors $f'(x) \geq 0$ dès que x positif.
d. À nouveau, puisque f est paire et qu'elle est croissante sur $\mathbb{R}^+$, alors elle est décroissante sur $\mathbb{R}^-$.
e. On n'a assurément pas $\int_{-1}^{1} f(x)dx = 0$ puisque la courbe est au-dessus de l'axe des abscisses. L'aire sous la courbe est donc strictement positive et l'intégrale aussi.

Si f avait été ***impaire*** *on aurait eu $\int_{-1}^{1} f(x)dx = 0$ comme sur le graphe ci-contre.*

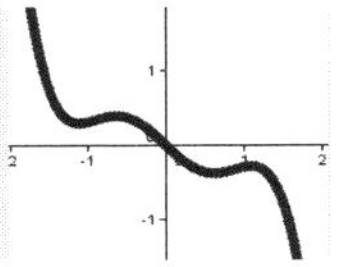

a. VRAI	**b.** FAUX	**c.** VRAI	**d.** VRAI	**e.** FAUX

■ Exercice 9

Rappelons précisément les données de l'énoncé : soit C un cône de hauteur 4 cm et de rayon de base 2 cm. C'est un cylindre de hauteur h et de rayon r inscrit dans le cône C.

a. Oui, cela peut être ça. Cependant il faudrait avant qu'on se place dans un repère dont personne ne parle !
b. Bien sûr, c'est la formule même.
c. Si $r = 2$ alors $h = 0$; en revanche, $h = 4 - 2r$ d'où $r = \dfrac{4-h}{2}$ et

$$V(h) = \pi\left(\frac{4-h}{2}\right)^2 \times h = \frac{\pi h\left(h^2 - 8h + 16\right)}{4} = \frac{\pi}{4}\left(h^3 - 8h^2 + 16h\right).$$

Donc $V'(h) = \dfrac{\pi}{4}\left(3h^2 - 16h + 16\right) = \dfrac{\pi}{4}(h-4)(3h-4)$; cette dérivée ne s'annule pas en 2, donc le maximum ne sera pas atteint en $h = 2$.

e. Par contre le maximum sera atteint en $h = \dfrac{4}{3}$ car c'est là que la dérivée s'annule puis on calcule $V\left(\dfrac{4}{3}\right) = \ldots = \dfrac{64}{9} \times \dfrac{\pi}{27} \neq 4\pi$.

a. FAUX	**b.** VRAI	**c.** FAUX	**d.** FAUX	**e.** FAUX

■ Exercice 10

$f(x) = \dfrac{x^2 - 4}{x+1} = \dfrac{u}{v}$.

a. Pour $x \neq 0$,

$$f(x) - x = \frac{x^2-4}{x+1} - x = \frac{x^2 - 4 - x(x+1)}{x+1} = \frac{x^2 - 4 - x^2 - x}{x+1} = \frac{-x-4}{x+1} \;;$$

$$\lim_{x \to +\infty} f(x) - x = \lim_{x \to +\infty} \frac{-x}{x} = -1.$$

b. On peut se douter que c'est vrai car, on a bien compris que la droite d'équation $y = x - 1$ est asymptote à la courbe.
Maintenant par le calcul, on raisonne par identification :

$$f(x) = \frac{x^2-4}{x+1} = x - 1 + \frac{a}{x+1} \Leftrightarrow \frac{x^2-4}{x+1} = \frac{x^2 - 1 + a}{x+1},$$

en identifiant les termes de même degré : $-1 + a = -4$, donc $a = -3$.

c. Étudions les variations de f :

$$f'(x) = \frac{u'v - v'u}{v^2} = \frac{2x(x+1) - 1\left(x^2-4\right)}{(x+1)^2} = \frac{x^2 + 2x + 4}{(x+1)^2} > 0.$$

Le discriminant du numérateur est strictement négatif, f' est positive ; on obtient le tableau de variation suivant :

x	$-\infty$	α	-1		β	$+\infty$
f	$-\infty$ ↗	b ↗	$+\infty$ ‖	$-\infty$ ↗	b ↗	$+\infty$

d. On déduit du tableau précédent que f est strictement croissante sur $[0\,;1]$. Et comme $f(0)=-4$ et surtout $f(1)=-\dfrac{3}{2}$, on sait que f est négative sur $[0\,;1]$. Donc $\int_0^1 f(x)\,dx<0$.

Sinon, on peut toujours faire le calcul et penser à l'expression de f obtenue à la question b :

$$\int_0^1 f(x)\,dx=\int_0^1 x-1-\frac{3}{x+1}\,dx=\left[\frac{x^2}{2}-x-3\ln(x+1)\right]_0^1$$
$$=\frac{1}{2}-1-3\ln 2=\frac{-1-3\ln 2}{2}<0.$$

e. Par contre ici il faut faire le calcul :

$$\int_{-3}^{-2} f(x)\,dx=\int_{-3}^{-2} x-1-\frac{3}{x+1}\,dx=\left[\frac{x^2}{2}-x-3\ln|x+1|\right]_{-3}^{-2}$$
$$=\left[\frac{4}{2}+2-3\underbrace{\ln 1}_{=0}\right]-\left[\frac{9}{2}+3-3\ln 2\right]=\frac{6\ln 2-7}{2}.$$

Ainsi

$$\int_{-3}^{-2} f(x)\,dx-\int_0^1 f(x)\,dx=\frac{6\ln 2-7}{2}-\frac{-1-3\ln 2}{2}$$
$$=\frac{6\ln 2-7+1+3\ln 2}{2}=\frac{9\ln 2-6}{2}\simeq\frac{0,21}{2}>0,$$

car on sait que $\ln 2\simeq 0,69$.

Au final on a plutôt : $\int_{-3}^{-2} f(x)\,dx>\int_0^1 f(x)\,dx$.

Il est bon de connaître des valeurs approchées des nombres suivants pour la géométrie, la trigonométrie et l'analyse : $\ln 2\simeq 0,69$, $e\simeq 2,718$, $\pi\simeq 3,14159$, $\dfrac{\sqrt{2}}{2}\simeq 0,707$, $\dfrac{\sqrt{3}}{2}\simeq 0,866$.

a. VRAI	**b.** VRAI	**c.** VRAI	**d.** FAUX	**e.** FAUX

■ Exercice 11

$f(x)=x^3\cos x-\sin x$.

a. $f(-x)=(-x)^3\cos(-x)-\sin(-x)=-x^3\cos x-(-\sin x)$

$=-x^3\cos x+\sin x=-\left(x^3\cos x-\sin x\right)$ donc $f(-x)=-f(x)$.

f est impaire.

b. Non, au contraire, la courbe d'une fonction impaire est symétrique par rapport à l'origine du repère. Les deux intégrales sont donc opposées ; elles seraient égales si la fonction *f* était paire.

c. On fait une intégration par parties :

$$\int_0^{\frac{\pi}{2}}\underbrace{x^2}_{u}\underbrace{\sin x}_{v'}dx=\underbrace{\left[\underbrace{x^2}_{u}\underbrace{(-\cos x)}_{v}\right]_0^{\frac{\pi}{2}}}_{=0}-\int_0^{\frac{\pi}{2}}\underbrace{2x}_{u'}\underbrace{(-\cos x)}_{v}dx=-2\int_0^{\frac{\pi}{2}}x(-\cos x)dx$$

$$=2\int_0^{\frac{\pi}{2}}x\cos x dx.$$

d. Encore une fois on fait une intégration par parties mais ici on obtient le résultat proposé :

$$\int_0^{\frac{\pi}{2}}\underbrace{x}_{u}\underbrace{\cos x}_{v'}dx=\left[\underbrace{x}_{u}\underbrace{\sin x}_{v}\right]_0^{\frac{\pi}{2}}-\int_0^{\frac{\pi}{2}}\underbrace{1}_{u'}\underbrace{\sin x}_{v}dx=\left[\frac{\pi}{2}\times1-0\times0\right]-\left[-\cos x\right]_0^{\frac{\pi}{2}}=\frac{\pi}{2}-1.$$

e. Jamais 2 sans 3 :

$$\int_0^{\frac{\pi}{2}}\underbrace{x^3}_{u}\underbrace{\cos x}_{v'}-\sin x dx=\int_0^{\frac{\pi}{2}}\underbrace{x^3}_{u}\underbrace{\cos x}_{v'}dx-\int_0^{\frac{\pi}{2}}\sin x dx$$

$$=\left[\underbrace{x^3}_{u}\underbrace{\sin x}_{v}\right]_0^{\frac{\pi}{2}}-\int_0^{\frac{\pi}{2}}\underbrace{3x^2}_{u'}\underbrace{\sin x}_{v}dx-\left[-\cos x\right]_0^{\frac{\pi}{2}}$$

$$=\left[\left(\frac{\pi}{2}\right)^3\right]-3\times\underbrace{\int_0^{\frac{\pi}{2}}\underbrace{x^2}_{u'}\underbrace{\sin x}_{v}dx}_{I}+\left[\cos x\right]_0^{\frac{\pi}{2}}$$

$$=\frac{\pi^3}{8}-3\times\underbrace{2\int_0^{\frac{\pi}{2}}x\cos x dx}_{I}+\left[0-1\right]\text{ d'après c.}$$

$$=\frac{\pi^3}{8}-3\times2\times\left[\frac{\pi}{2}-1\right]-1=\frac{\pi^3}{8}-3\pi+5\text{ d'après d.}$$

a. VRAI	**b.** FAUX	**c.** FAUX	**d.** VRAI	**e.** FAUX

Cette fois-ci, on était obligé de bien calculer et de suivre le fil du raisonnement car les trois dernières questions s'enchainent de manière logique. Les questions ont fréquemment un lien entre elles !

■ Exercice 12

a. « Pour tout $x \in \mathbb{R}$, il existe $y \in \mathbb{R}$ tel que $x + y > 0$ » est vraie : par exemple avec $y = -x + 1$ on a bien $x + y > 0$ pour tout réel x puisque $x + (-x+1) = 1 > 0$.

b. « Il existe $x \in \mathbb{R}$ tel que pour tout réel $y \in \mathbb{R}$, $x + y > 0$ » est une assertion fausse car son contraire est vrai : « Pour tout $x \in \mathbb{R}$, il existe $y \in \mathbb{R}$ tel que $x + y \leq 0$ ».

c. « Pour tout $x \in \mathbb{R}$, pour tout $y \in \mathbb{R}$, $(x+y)^2 = x^2 + y^2$ » est généralement fausse, on se souvient de nos identités remarquables ! $(x+y)^2 = x^2 + 2xy + y^2$. Sinon, on peut toujours choisir un bon contre-exemple : si c'était vrai, avec $x = 1$ et $y = 1$ on obtiendrait 4 = 2. Absurde !

d. « Pour tout $x \in \mathbb{R}$, il existe $y \in \mathbb{R}$ tel que $(x+y)^2 = x^2 + y^2$ ». Bien sûr ! On peut choisir $y = 0$.
Plus rigoureusement, on peut traduire cette assertion par : « Pour tout $x \in \mathbb{R}$, il existe $y \in \mathbb{R}$ tel que $x^2 + 2xy + y^2 = x^2 + y^2$ », c'est-à-dire :

$$\cancel{x^2} + 2xy + \cancel{y^2} = \cancel{x^2} + \cancel{y^2}\text{, donc } 2xy = 0.$$

Et on retrouve $y = 0$.

e. « Il existe $x \in \mathbb{R}$, tel que pour tout $y \in \mathbb{R}$, $(x+y)^2 = x^2 + y^2$ ». Même chose qu'au d. On peut choisir $x = 0$.

a. VRAI	**b.** FAUX	**c.**FAUX	**d.** VRAI	**e.** VRAI

■ Exercice 13

Traduisons dès à présent les deux assertions P et Q en commençant par les réécrire :
P : « pour tout $n \in \mathbb{N}$, il existe $M \in \mathbb{R}$ tel que $|u_n| \leq M$ ».
Q : « il existe $M \in \mathbb{R}$ tel que pour tout $n \in \mathbb{N}$, $|u_n| \leq M$ ».
L'assertion P est toujours vraie (on dit que c'est une tautologie*), en effet, il est possible de trouver pour chaque terme u_n un majorant de sa valeur absolue, il suffit de choisir $M = |u_n| + 1$.*

a. Faux : on vient de voir que P est toujours vraie, Q ne l'est pas forcément.

b. Oui, bien sûr !

c. Non, l'énoncé nous incite à dire « oui », en pensant que la suite est croissante et majorée.

d. Non. La suite $u_n = -n$ est décroissante mais non bornée.

e. Oui, c'est un résultat intuitif : toute suite convergente est bornée !

On peut rappeler ces deux résultats importants sur les suites :
** Toute suite convergente est bornée.*
** Le théorème de convergence monotone : toute suite monotone et bornée est convergente.*

a. FAUX	**b.** VRAI	**c.** FAUX	**d.** FAUX	**e.** VRAI

■ Exercice 14

Partez du principe que si c'était vrai, ça se saurait !
Et pour les contre-exemples, on peut très souvent utiliser une suite à base de $(-1)^n$ qui vaut alternativement 1 et –1.

a. C'est clairement faux ! Par exemple $u_n = \frac{1}{n}$ est strictement décroissante mais tend vers 0.
b. Là, il faut penser aux suites du type $(-1)^n$, mais ce n'est pas suffisant car elle est bornée. Alors, on pense à $u_n = (-1)^n \times n$ qui n'est pas minorée mais qui ne tend pas vers $-\infty$.
c. Cette fois on peut choisir $u_n = -n + (-1)^n \leq -n+1$ qui tend vers $-\infty$ mais n'est pas décroissante.
d. Oui ! Cette fois c'est vrai. Si la suite tend vers $-\infty$, ça veut dire qu'à partir d'un certain rang, tous les termes sont inférieurs à n'importe quel réel.
e. Non, à nouveau ! On peut réutiliser la suite $u_n = (-1)^n \times n$.

a. FAUX	**b.** FAUX	**c.** FAUX	**d.** VRAI	**e.** FAUX

■ Exercice 15

Rappelons les deux assertions P et Q :
P : « Si x = 1 alors z = 2 ou y = 3 ».
Q : « Si z = 2 et y = 4 alors x = 3 ».

a. Nommons P' l'énoncé : « Si $x = 1$ et $z \neq 2$ alors $y = 3$ ».
Il est clair que $P \Rightarrow P'$ puisque si $x = 1$ alors $x = 2$ ou $y = 3$.
Mais si $z \neq 2$, alors nécessairement $y = 3$.
Réciproquement, on a $P' \Rightarrow P$.
En effet, si $x = 1$ alors, soit $z = 2$, soit $z \neq 2$ mais $y = 3$.
b. Oui ! C'est tout à fait vrai. Il suffit de reprendre le raisonnement précédent.
c. Non. La négation de P est : « Si $x = 1$ alors $z \neq 2$ **et** $y \neq 3$ ».
d. Oui, bien sûr ! On vient de l'écrire !
e. Non, il n'y a aucun rapport entre l'assertion Q et celle proposée dans cette question.

a. VRAI	**b.** VRAI	**c.** FAUX	**d.** VRAI	**e.** FAUX

■ Exercice 16

$\omega > 0$ et $z = \dfrac{1+i\omega}{1-i\omega}$.

a. Écrivons z sous forme algébrique :

$$z = \frac{1+i\omega}{1-i\omega} = \frac{(1+i\omega)(1+i\omega)}{(1-i\omega)(1+i\omega)} = \frac{1+2i\omega-\omega^2}{1+\omega^2} = \underbrace{\frac{1-\omega^2}{1+\omega^2}}_{=\mathrm{Re}(z)} + i\underbrace{\frac{2\omega}{1+\omega^2}}_{=\mathrm{Im}(z)}.$$

La proposition est donc fausse, sinon, il faudrait que ω soit nul.

b. En effet, d'après le calcul précédent, $\mathrm{Im}(z) = \dfrac{2\omega}{1+\omega^2}$.

c. Oui, bien sûr ! $|z| = \left|\dfrac{1+i\omega}{1-i\omega}\right| = \dfrac{|1+i\omega|}{|1-i\omega|} = \dfrac{\sqrt{1+\omega^2}}{\sqrt{1+\omega^2}} = 1$.

$$\left|\frac{(1+i\omega)^2}{1-i\omega}\right| = \frac{|1+i\omega|^2}{|1-i\omega|} = \frac{\sqrt{1+\omega^2}^2}{\sqrt{1+\omega^2}} = \sqrt{1+\omega^2}.$$

e. $\left|\dfrac{1+i\omega}{(1-i\omega)^2}\right| = \dfrac{|1+i\omega|}{|1-i\omega|^2} = \dfrac{\sqrt{1+\omega^2}}{\sqrt{1+\omega^2}^2} = \dfrac{1}{\sqrt{1+\omega^2}}$: cette quantité ne vaut $\sqrt{1+\omega^2}$ que si $\omega = 0$, ce qui est absurde.

a. FAUX	**b.** VRAI	**c.** VRAI	**d.** VRAI	**e.** FAUX

■ Exercice 17

Pour tout nombre complexe $z \neq 2$, on a $Z = \dfrac{z-i}{z+2}$.

a. $\dfrac{z-i}{z+2} \in \mathbb{R} \Leftrightarrow \arg\left(\dfrac{z-i}{z+2}\right) = 0[\pi] \Leftrightarrow \left(\overrightarrow{AM}\,;\overrightarrow{BM}\right) = 0[\pi] \Leftrightarrow M \in (AB)$ où A et B sont les points d'affixes respectives -2 et i.

b. Non, car il est inclus dans la droite (AB) vu le raisonnement précédent. Et aucun demi-cercle n'est inclus dans une droite. On trouve le véritable ensemble en reprenant le raisonnement précédent :

$$Z \in \mathbb{R}_+^* \Leftrightarrow \frac{z-i}{z+2} \in \mathbb{R}_+^* \Leftrightarrow \arg\left(\frac{z-i}{z+2}\right) = 0[2\pi] \Leftrightarrow \left(\overrightarrow{AM}\,;\overrightarrow{BM}\right) = 0[2\pi]$$
$$\Leftrightarrow M \in (AB)\setminus[AB].$$

c. C'est la même chose qu'au b.

d. $Z - \overline{Z} = 0 \Leftrightarrow Z \in \mathbb{R}$, encore pareil…

e. $|Z|=1 \Leftrightarrow \left|\dfrac{z-i}{z+2}\right|=1 \Leftrightarrow |z-i|=|z+2| \Leftrightarrow AM=BM$: M est sur la médiatrice de $[AB]$.

a. VRAI	**b.** FAUX	**c.** VRAI	**d.** FAUX	**e.** VRAI

L'interprétation géométrique du nombre $\dfrac{z_D - z_C}{z_B - z_A}$ *est à connaître absolument ! Son module donne le rapport* $\dfrac{CD}{AB}$, *et son argument donne* $\left(\overrightarrow{AB}\,;\overrightarrow{CD}\right)$.

■ Exercice 18

$P\left(0\,;0\,;\sqrt{2}\right), Q\left(-1\,;\sqrt{3}\,;0\right), R\left(-1\,;-\sqrt{3}\,;0\right).$

a. Il est difficile de faire un dessin précis à main levée. Néanmoins on peut deviner que la proposition est fausse : en effet, O n'est pas équidistant de P et Q ; $OP^2=0^2+0^2+2=2$ mais $OQ^2=1+3+0=4$.

b. Idem, on reprend O : $OP^2=0^2+0^2+2=2$ mais $OR^2=1+3+0=4$.

c. PQS est équilatéral si et seulement si $PS^2=QS^2=PQ^2=1+3+2=6$.
Soit $S(x\,;0\,;0)$ le point cherché ; $PS^2=x^2+0^2+\sqrt{2}^2=x^2+2$ et $QS^2=(x+1)^2+\sqrt{3}^2+0^2=x^2+2x+4$. Ainsi :

$$\begin{cases} PS^2=6 \\ QS^2=6 \end{cases} \Leftrightarrow \begin{cases} x^2+2=6 \\ x^2+2x+4=6 \end{cases} \Leftrightarrow \begin{cases} x^2=4 \\ x^2+2x-2=0 \end{cases}$$

$$\Leftrightarrow \begin{cases} x=2 \text{ ou } x=-2 \\ 4+4-2=0 \text{ ou } 4-4-2=0 \end{cases} \Leftrightarrow \begin{cases} x=2 \text{ ou } x=-2 \\ 6=0 \text{ ou } -2=0 \end{cases},$$

ce qui est absurde (à la deuxième ligne).

d. On a vu à la question b. que O n'est pas équidistant de P et R. Or O est bien sur l'axe $\left(O\,;\vec{i}\right)$.

e. On peut noter d'abord que $PQ^2=1+3+2=6$, $PR^2=1+3+2=6$ et $QR^2=0+12+0=12$. PQR n'étant pas équilatéral, il n'existe aucun point M de l'espace tel que $PQRM$ soit régulier !

a. FAUX	**b.** FAUX	**c.** FAUX	**d.** FAUX	**e.** FAUX

On rappelle la formule de la distance entre deux points A et B de l'espace : Si $A(x_A\,;y_A\,;z_A)$, $B(x_B\,;y_B\,;z_B)$, alors

$$AB=\sqrt{(x_B-x_A)^2+(y_B-y_A)^2+(z_B-z_A)^2}$$

ou $$AB^2=(x_B-x_A)^2+(y_B-y_A)^2+(z_B-z_A)^2.$$

Exercice 19

a. Le plan Q admet pour vecteur normal le vecteur : $\overrightarrow{n}'(1\,;-1\,;-1)$. Si on calcule le produit scalaire $\vec{n}\cdot\overrightarrow{n}'=1\times1+2\times(-1)+(-1)\times(-1)=1-2+1=0$, on s'aperçoit que les vecteurs normaux sont orthogonaux donc les plans sont perpendiculaires.

b. Recherchons une équation cartésienne de P. Elle est de la forme $x+2y-z+d=0$ puisque $\vec{n}(1\,;2\,;-1)$ est normal à P. Ensuite puisque L est dans le plan P, ses coordonnées vérifient l'équation du plan P : $0+2\times1-1+d=0$, donc $d=-1$ et P a pour équation : $x+2y-z-1=0$.
Les coordonnées de L vérifient bien les équations des plans P et Q, en effet :
$-2+2\times\frac{4}{3}-\left(-\frac{1}{3}\right)-1=-2+\frac{8}{3}+\frac{1}{3}-1=0$ donc L est dans P. De même $-2-\frac{4}{3}-\left(-\frac{1}{3}\right)+3=-2-\frac{4}{3}+\frac{1}{3}+3=0$ donc L est dans Q. C'est « vrai ».

c. $d(M\,;\mathrm{P})=\dfrac{|1+2-1-1|}{\sqrt{1+4+1}}=\dfrac{1}{\sqrt{6}}=\dfrac{\sqrt{6}}{6}\neq1$.

d. Comme $LM=\sqrt{(1-0)^2+(1-1)^2+(1-1)^2}=1$, la réponse est « faux ».

e. $\overrightarrow{LM}\cdot\overrightarrow{n}'=1\times1+0\times(-1)+0\times(-1)=1\neq0$ donc le vecteur $\overrightarrow{LM}$ n'est pas orthogonal à $\overrightarrow{n}'(1\,;-1\,;-1)$ et la droite (LM) intercepte le plan Q.

a. VRAI	**b.** VRAI	**c.** FAUX	**d.** FAUX	**e.** FAUX

Exercice 20

D, l'évènement « une vis du lot est défectueuse ». Résumons la situation par un arbre de probabilité :

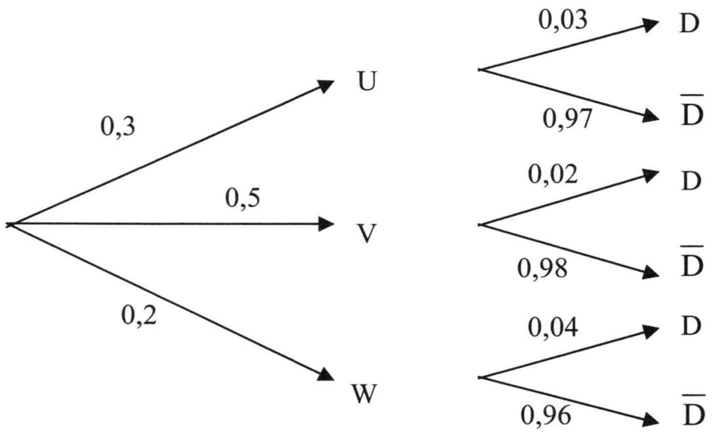

a. On calcule $p(U \cap D) = \dfrac{30}{100} \times 0,03 = \dfrac{3\not{0}}{10\not{0}} \times \dfrac{3}{100} = \dfrac{9}{1000} \neq \dfrac{9}{100}$.

b. On calcule $p(U \cup V) = p(U) + p(V) = \dfrac{3\not{0}}{10\not{0}} + \dfrac{5\not{0}}{10\not{0}} = \dfrac{8}{10}$.

c. $p_V(D) = 0,02$ d'après la deuxième branche de l'arbre. Donc c'est faux.

d. $p(D) = p_U(D) + p_V(D) + p_W(D) = \dfrac{3\not{0}}{10\not{0}} \times 0,03 + \dfrac{5\not{0}}{10\not{0}} \times 0,02 + \dfrac{2\not{0}}{10\not{0}} \times 0,04$

$= \dfrac{3}{10} \times \dfrac{3}{100} + \dfrac{5}{10} \times \dfrac{2}{100} + \dfrac{2}{10} \times \dfrac{4}{100} = \dfrac{9+10+8}{1000} = \dfrac{27}{1000}$.

e. $p_D(W) = \dfrac{p(W \cap D)}{p(D)} = \dfrac{\dfrac{2\not{0}}{10\not{0}} \times 0,04}{\dfrac{27}{1000}} = \dfrac{2}{\not{10}} \times \dfrac{4}{\not{100}} \times \dfrac{\not{1000}}{27} = \dfrac{8}{27} \neq \dfrac{1}{5}$.

a. FAUX	**b.** VRAI	**c.** FAUX	**d.** VRAI	**e.** FAUX

Formule des probabilités conditionnelles : $p_B(A) = \dfrac{p(A \cap B)}{p(B)}$.

Combinatoire-Dénombrement

$\text{Card}(A \cup B) = \text{Card } A + \text{Card } B - \text{Card}(A \cap B)$ $\quad$ $\text{Card}(A \times B) = \text{Card } A \text{ Card } B$

Soit E un ensemble de n éléments

Nombre de permutations de E :
$n! = 1 \times 2 \times 3 \times \ldots \times n \quad (0! = 1)$

Nombre de sous-ensembles de p éléments de E : nombre de combinaisons de p parmi n

$$\binom{n}{p} = \frac{n(n-1)\ldots(n-p+1)}{p!} = \frac{n!}{p!(n-p)!} \qquad \binom{n+1}{p+1} = \binom{n}{p} + \binom{n}{p+1}$$

$$\binom{n}{p} = \binom{n}{n-p} \qquad \binom{n}{0} + \binom{n}{1} + \binom{n}{2} + \ldots + \binom{n}{n-1} + \binom{n}{n} = 2^n$$

Probabilités

Si A et B sont incompatibles : $P(A \cap B) = \varnothing$, alors $P(A \cup B) = P(A) + P(B)$

Dans le cas général :
$P(A \cup B) = P(A) + P(B) - P(A \cap B)$

Si $A_1, \ldots, A_n$ forment une partition de A,

$$P(A) = \sum_{i=1}^{n} P(A_i)$$

$P(\bar{A}) = 1 - P(A)$; $P(\Omega) = 1$; $P(\varnothing) = 0$

Dans le cas équiprobable : $P(A) = \dfrac{\text{Card } A}{\text{Card } \Omega}$

Probabilité conditionnelle de A sachant que B est réalisé : $P_B(A) = \dfrac{P(A \cap B)}{P(B)}$.

Formule des probabilités totales :
Si les événements $B_1, B_2, \ldots, B_n$ forment une partition de Ω alors

$$P(A) = P(A \cap B_1) + P(A \cap B_2) + \ldots + P(A \cap B_n) = P_{B_1}(A)P(B_1) + \ldots + P_{B_n}(A)P(B_n)$$

Variable aléatoire : somme des valeurs de la loi de probabilité = 1

Espérance mathématique : $E(x) = \sum_{i=1}^{n} p_i x_i$

Fonction de répartition :
$F(x) = P(X \le x)$

Variance :

$$V(x) = \sum_{i=1}^{n} p_i (x_i - E(x))^2 = \sum_{i=1}^{n} p_i x_i^2 - (E(x))^2$$

Ecart-type $\sigma(X) = \sqrt{V(X)}$

Loi Binomiale/Bernoulli : X= nombre de réalisations de A sur n épreuves, $P(\text{A}) = p$,

alors : $P(X = k) = \binom{n}{k} p^k (1-p)^{n-k}$; moyenne = np ; variance = $np(1-p)$.

Probabilités continues

x suit une **loi uniforme** sur un intervalle de longueur L :

$$P(x \le \alpha) = \int_{-\infty}^{\alpha} f(t)dt = \int_0^{\alpha} \frac{1}{L} dt = \frac{\alpha}{L}$$, la densité de probabilité est f.

Probabilité que x soit entre α et β : $P(\alpha < x \leq \beta) = \int_{\alpha}^{\beta} f(t)dt = \int_{\alpha}^{\beta} \frac{1}{L} dt = \frac{\beta - \alpha}{L}$.

Moyenne : $\overline{x} = \int_{-\infty}^{+\infty} t.\frac{1}{L} dt = \int_{0}^{L} t.\frac{1}{L} dt = \left[\frac{1}{2L} t^2 \right]_0^L = \frac{L}{2}$.

x suit une **loi exponentielle de paramètre** λ :

$$P(0 \leq x \leq t) = \int_0^t f(u)du = \int_0^t \lambda e^{-\lambda u} du = \left[\frac{\lambda}{-\lambda} e^{-\lambda u} \right]_0^t = 1 - e^{-\lambda t} = F(t).$$

Moyenne : $\overline{x} = \int_0^{+\infty} \lambda u e^{-\lambda u} du = \frac{1}{\lambda}$ en faisant une intégration par parties ; cette moyenne représente la *durée de vie moyenne* et peut être déterminée expérimentalement.

Algèbre : *Nombres complexes*

Forme *: algébrique* $z = x + iy$ Forme *: trigonométrique* $z = \rho(\cos\theta + i\sin\theta) = \rho e^{i\theta}$, $\rho > 0$

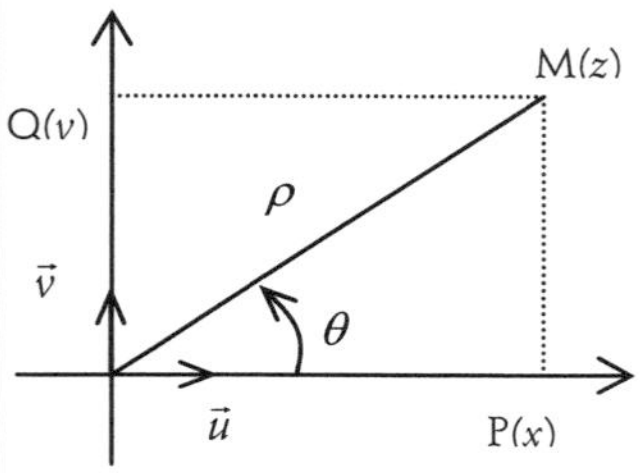

$\overrightarrow{OM} = x\vec{u} + y\vec{v}$

$OM = \rho = |z| = \sqrt{x^2 + y^2}$

$\overline{OP} = x = \text{Re}(z) = \rho\cos\theta$

$\overline{OP} = y = \text{Im}(z) = \rho\sin\theta$

$\tan\theta = \frac{y}{x} \Rightarrow \theta = \arctan\frac{y}{x}[\pi]$

Formules d'Euler

$\cos\theta = \frac{1}{2}\left(e^{i\theta} + e^{-i\theta}\right)$

$\sin\theta = \frac{1}{2i}\left(e^{i\theta} - e^{-i\theta}\right)$

Opérations algébriques

$$z + z' = (x + iy) + (x' + iy') = (x + x') + i(y + y')$$

$$z \cdot z' = (x + iy) \cdot (x' + iy') = (xx' - yy') + i(xy' + x'y)$$

Conjugué $z = x + iy = \rho e^{i\theta}$; $\overline{z} = x - iy = \rho e^{-i\theta}$; $\overline{z + z'} = \overline{z} + \overline{z'}$; $\overline{zz'} = \overline{z} \cdot \overline{z'}$

Inverse : $\frac{1}{z} = \frac{\overline{z}}{z\overline{z}} = \frac{\overline{z}}{|z|^2} = \frac{x}{x^2 + y^2} + i\frac{-y}{x^2 + y^2} = \frac{1}{\rho} e^{-i\theta}$;

$$x = \frac{1}{2}(z + \overline{z}) ;\ y = \frac{1}{2i}(z - \overline{z}) ;\ z\overline{z} = x^2 + y^2 = |z|^2$$

Module et argument d'un produit, d'un quotient

$z \cdot z' = \left(\rho e^{i\theta}\right) \cdot \left(\rho' e^{i\theta'}\right) = \rho\rho' e^{i(\theta + \theta')}$ $|zz'| = |z| \cdot |z'|$; $\arg(z.z') = \arg(z) + \arg(z')[2\pi]$

$\frac{z}{z'} = \frac{\rho e^{i\theta}}{\rho' e^{i\theta'}} = \frac{\rho}{\rho'} e^{i(\theta - \theta')}$ $\left|\frac{z}{z'}\right| = \frac{|z|}{|z'|}$; $\arg(\frac{z}{z'}) = \arg(z) - \arg(z')[2\pi]$

$z^n = \left(\rho e^{i\theta}\right)^n = \rho^n e^{in\theta}$, $n \in \mathbb{Z}$

Angle de deux vecteurs : $(\overrightarrow{AB}, \overrightarrow{AC}) = \arg\left(\frac{c - a}{b - a}\right)$; distance de deux points : $AB = |b - a|$.

Similitude directe : $S(\Omega(\omega),k,\theta): z \to z' / z'-\omega = ke^{i\theta}(z-\omega)$;

avec $\theta = 0$: homothétie, avec $k = 1$: rotation

$z \in \mathbb{R} \Leftrightarrow \mathrm{Im}(z) = 0 \Leftrightarrow \arg(z) = 0[\pi]$ $\qquad$ $z \in i\mathbb{R} \Leftrightarrow \mathrm{Re}(z) = 0 \Leftrightarrow \arg(z) = \frac{\pi}{2}[\pi]$

Inégalité triangulaire : $\big||z|-|z'|\big| \le |z+z'| \le |z|+|z'|$

Produit scalaire : $p = z.\overline{z}' + \overline{z}.z'$

Algèbre : *Identités remarquables (valables sur $\mathbb{C}$ et donc sur $\mathbb{R}$)*

$(a+b)^2 = a^2 + 2ab + b^2$; $(a-b)^2 = a^2 - 2ab + b^2$

$(a+b)^3 = a^3 + 3a^2b + 3ab^2 + b^3$

$a^2 - b^2 = (a+b)(a-b)$;

$(a-b)^3 = a^3 - 3a^2b + 3ab^2 - b^3$

$a^2 + b^2 = (a+ib)(a-ib)$

Binôme de Newton : $(a+b)^n = a^n + \binom{n}{1}a^{n-1}b + \ldots + \binom{n}{k}a^{n-k}b^k + \ldots + b^n$

Algèbre : *Trigonométrie*

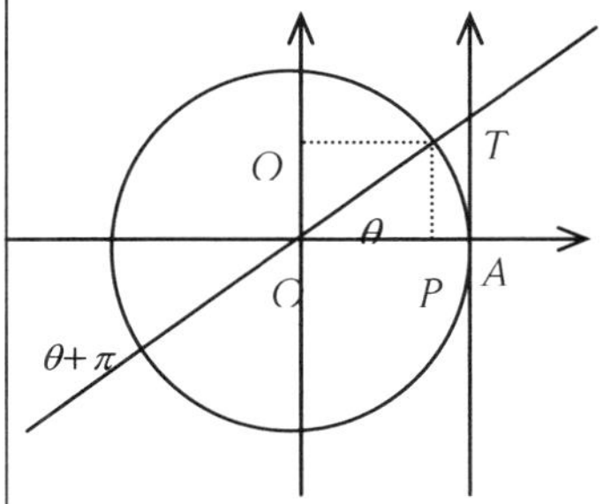

$\overline{OP} = \cos\theta$ $\quad$ $\overline{OQ} = \sin\theta$

$\overline{AT} = \tan\theta$

$\cos^2\theta + \sin^2\theta = 1$

$\tan\theta = \frac{\sin\theta}{\cos\theta}$, $\theta \neq \frac{\pi}{2} + k\pi$

$1 + \tan^2\theta = \frac{1}{\cos^2\theta}$

$\sin(ax)$ et $\cos(ax)$ ont pour période $2\pi/a$,

$\tan(ax)$ de période π/a.

Angles associés :

$\cos\left(\frac{\pi}{2} - \theta\right) = \sin\theta$

$\sin\left(\frac{\pi}{2} - \theta\right) = \cos\theta$

Équations :

$\sin x = \sin a$:
$x = a\,[2\pi]$ ou $\pi - a\,[2\pi]$

$\cos x = \cos b$:
$x = b\,[2\pi]$ ou $-b\,[2\pi]$

$\tan x = \tan c$: $x = c\,[\pi]$

Formules d'addition : $e^{i(a+b)} = e^{ia}e^{ib}$

$\cos(a+b) = \cos a\cos b - \sin a\sin b$.

$\sin(a+b) = \sin a\cos b + \cos a\sin b$.

$\cos(a-b) = \cos a\cos b + \sin a\sin b$

$\sin(a-b) = \sin a\cos b - \cos a\sin b$

$\tan(a+b) = \frac{\tan a + \tan b}{1 - \tan a\tan b}$

$\tan(a-b) = \frac{\tan a - \tan b}{1 + \tan a\tan b}$

$\cos 2a = \cos^2 a - \sin^2 a = 2\cos^2 a - 1 = 1 - 2\sin^2 a$

$\sin 2a = 2\sin a\cos a$

$\cos^2 a = \frac{1}{2}(1 + \cos 2a)$;

$\tan 2a = \frac{2\tan a}{1 - \tan^2 a}$

$\sin^2 a = \frac{1}{2}(1 - \cos 2a)$

si $t = \tan\frac{\theta}{2}$: $\tan\theta = \frac{2t}{1-t^2}$; $\cos\theta = \frac{1-t^2}{1+t^2}$; $\sin\theta = \frac{2t}{1+t^2}$

Formules de transformation

$\cos a \cos b = \frac{1}{2}\left[\cos(a+b) + \cos(a-b)\right]$

$\sin a \cos b = \frac{1}{2}\left[\sin(a+b) + \sin(a-b)\right]$

$\sin a \sin b = \frac{1}{2}\left[\cos(a-b) - \cos(a+b)\right]$

$a\cos x + b\sin x = \sqrt{a^2+b^2}\cos(x-\theta)$

$\cos\theta = \frac{a}{\sqrt{a^2+b^2}}$; $\sin\theta = \frac{b}{\sqrt{a^2+b^2}}$

$\cos p + \cos q = 2\cos\frac{p+q}{2}\cos\frac{p-q}{2}$

$\sin p + \sin q = 2\sin\frac{p+q}{2}\cos\frac{p-q}{2}$

$\cos p - \cos q = -2\sin\frac{p+q}{2}\sin\frac{p-q}{2}$

$\sin p - \sin q = 2\sin\frac{p-q}{2}\cos\frac{p+q}{2}$

Valeurs remarquables

	0	$\frac{\pi}{6}$	$\frac{\pi}{4}$	$\frac{\pi}{3}$	$\frac{\pi}{2}$	π
Sinus	0	$\frac{1}{2}$	$\frac{\sqrt{2}}{2}$	$\frac{\sqrt{3}}{2}$	1	0
Cosinus	1	$\frac{\sqrt{3}}{2}$	$\frac{\sqrt{2}}{2}$	$\frac{1}{2}$	0	-1
Tangente	0	$\frac{\sqrt{3}}{3}$	1	$\sqrt{3}$		0

$\cos\frac{2\pi}{5} = \frac{\sqrt{5}-1}{4}$;

$\cos\frac{2\pi}{3} = -\frac{1}{2}$; $\sin\frac{2\pi}{3} = \frac{\sqrt{3}}{2}$;

Formule de Moivre : $\forall n \in \mathbb{N}^*$, $\left(e^{i\theta}\right)^n = e^{in\theta}$ ou $\left(\cos\theta + i\sin\theta\right)^n = \cos n\theta + i\sin n\theta$

Racines n[ièmes] de l'unité : $u_k = e^{i\frac{2k\pi}{n}}$ où $k = 0,1,2,\ldots,n-1$; $|u_k| = 1$

Les solutions de $z^n = a$, où $a = \rho e^{i\alpha}$, sont $z_k = z_0 u_k$, où $z_0 = \rho^{\frac{1}{n}} e^{i\frac{\alpha}{n}}$.

Algèbre : *Équations du second degré*

a, b, c des réels, $a \neq 0$, et $\Delta = b^2 - 4ac$. L'équation P= $az^2 + bz + c = 0$ admet :

si $\Delta > 0$, deux solutions réelles :
P du signe de a à l'extérieur des racines, $-a$ à l'intérieur.

$z_1 = \frac{-b+\sqrt{\Delta}}{2a}$; $z_2 = \frac{-b-\sqrt{\Delta}}{2a}$

si $\Delta = 0$,une solution réelle double :
P du signe de a

$z_1 = z_2 = \frac{-b}{2a}$

si $\Delta < 0$, 2 solutions complexes conjuguées :
P dans $\mathbb{R}$ du signe de a

$z_1 = \frac{-b+i\sqrt{-\Delta}}{2a}$;

$z_2 = \frac{-b-i\sqrt{-\Delta}}{2a}$

Factorisation :
$az^2 + bz + c = a(z-z_1)(z-z_2)$

$S = z_1 + z_2 = -\frac{b}{a}$; $P = z_1 z_2 = \frac{c}{a}$

Analyse : *Généralités sur les fonctions*

$f(-x)=f(x)$: f est paire, courbe symétrique par rapport à l'axe Ox

$f(-x)=-f(x)$: f est impaire, courbe symétrique par rapport à O

changement de repère au point $\omega(a, b)$: $\begin{cases} X = x + a \\ Y = y + b \end{cases}$

Nombre dérivé en x_0 : $\lim\limits_{x \to x_0} \dfrac{f(x)-f(x_0)}{x-x_0} = \lim\limits_{h \to 0} \dfrac{f(x_0+h)-f(x_0)}{h} = f'(x_0)$

T tangente en x_0 : $y = f'(x_0)(x - x_0) + f(x_0)$

f et g ont des courbes asymptotes <u>ssi</u> $\lim\limits_{\infty}(f(x) - g(x)) = 0$;

leurs positions respectives dépendent du signe de $f(x) - g(x)$.

Analyse : *Suites arithmétiques, suites géométriques (formules valables sur $\mathbb{C}$ et sur $\mathbb{R}$)*

Suites arithmétiques :

1° terme u_0 ; $u_{n+1} = u_n + a$; $u_n = u_0 + na$ ou $u_n = u_p + (n-p)a$; diverge.

$S_n = \dfrac{(\text{nbre de termes})(1°\text{terme} + \text{dernier terme})}{2}$ $\qquad 1 + 2 + ... + n = \dfrac{n(n+1)}{n}$

Suites géométriques :

1° terme u_0 ; $u_{n+1} = bu_n$; $u_n = u_0 b^n$ ou $u_n = u_p b^{n-p}$; converge vers 0 si $|b| < 1$.

Si $b \neq 1$, $S_n = u_0\left(1 + b + b^2 + ... + b^n\right) = u_0 \dfrac{1 - b^{n+1}}{1 - b}$ tend vers $\dfrac{u_0}{1-b}$ si $|b| < 1$;

si $b = 1$, $S_n = n + 1$.

Analyse : *Propriétés des fonctions usuelles ; fonctions logarithmiques et exponentielle*

$\ln x = \displaystyle\int_1^x \frac{dt}{t}$ (x > 0)

$e^{(\alpha+i\beta)x} = e^{\alpha x} e^{i\beta x} = e^{\alpha x}(\cos \beta x + i \sin \beta x)$

$a^x = e^{x \ln a}$ (a > 0)

Si $x \in]-\infty ; +\infty[$ et $y \in]0, +\infty[$,

$y = \exp x = e^x$ équivaut à $x = \ln y$

$\ln ab = \ln a + \ln b$

$\ln \dfrac{a}{b} = \ln a - \ln b$

$\log x = \dfrac{\ln x}{\ln 10}$;

$\ln a^x = x \ln a$

$e^0 = 1$; $\ln 1 = 0$; $\ln e = 1$

$e^{a+b} = e^a e^b$;

$e^{a-b} = \dfrac{e^a}{e^b}$; $\left(e^a\right)^b = e^{ab}$

$x^\alpha = e^{\alpha \ln x}$ (x > 0) ; $x^0 = 1$

Fonctions puissances

Si $n \in \mathbb{N}^*$, $x \geq 0$, $y \geq 0$, $y = \sqrt[n]{x}$ équivaut a $x = y^n$

$x^{\alpha+\beta} = x^\alpha x^\beta$; $x^{\alpha-\beta} = \dfrac{x^\alpha}{x^\beta}$; $\left(x^\alpha\right)^\beta = x^{\alpha\beta}$

Analyse : *Limites usuelles de fonctions et de suites*

Comportement à l'infini	$\lim\limits_{x\to+\infty} \ln x = +\infty$; $\lim\limits_{x\to+\infty} e^x = +\infty$; $\lim\limits_{x\to-\infty} e^x = 0$ Si $\alpha > 0$, $\lim\limits_{x\to+\infty} x^\alpha = +\infty$; si $\alpha < 0$, $\lim\limits_{x\to+\infty} x^\alpha = 0$;
Comportement à l'origine	$\lim\limits_{x\to 0} \ln x = -\infty$; $\lim\limits_{x\to 0} x^n \ln x = 0^-$; $\lim\limits_{h\to 0} \frac{\ln(1+h)}{h} = 1$ $\alpha > 0$: $\lim\limits_{x\to 0} x^\alpha = 0$; $\alpha < 0$: $\lim\limits_{x\to 0} x^\alpha = +\infty$ $\lim\limits_{h\to 0} \frac{e^h - 1}{h} = 1$; $\lim\limits_{h\to 0} \frac{\sin h}{h} = 1$; $\begin{cases} (1+h)^\alpha = 1 + \alpha h + h\varepsilon(h) & (\alpha \neq 0) \\ \lim\limits_{h\to 0} \varepsilon(h) = 0 \end{cases}$
Croissances comparées à l'∞	$\alpha > 0$: $\lim\limits_{x\to+\infty} \frac{e^x}{x^\alpha} = +\infty$; $\lim\limits_{x\to+\infty} x^\alpha e^{-x} = 0$; $\lim\limits_{x\to+\infty} \frac{\ln x}{x^\alpha} = 0$
$\alpha > 0$: $\lim\limits_{n\to+\infty} n^\alpha = +\infty$ $\alpha < 0$: $\lim\limits_{n\to+\infty} n^\alpha = 0$	$a > 1$: $\lim\limits_{n\to+\infty} a^n = +\infty$ $0 < a < 1$: $\lim\limits_{n\to+\infty} a^n = 0$ $\alpha > 0$ et $a > 1$: $\lim\limits_{n\to+\infty} \frac{a^n}{n^\alpha} = +\infty$

Analyse : *Dérivées et primitives*

$f(x)$	$f'(x)$	$\int f(x)dx$	$f(x)$	$f'(x)$	$\int f(x)dx$
k	0	kx	$u+v$	$u'+v'$	$\int u + \int v$
x^n, $n \in \mathbb{Q}$	nx^{n-1}	$\frac{1}{n+1}x^{n+1}$	ku	ku'	$k\int u$
$\frac{1}{x}$	$-\frac{1}{x^2}$	$\ln\lvert x\rvert$	$u.v$	$u'.v+u.v'$	
$\sqrt{x}$	$\frac{1}{2\sqrt{x}}$	$\frac{2}{3}x^{\frac{3}{2}}$	$\frac{u}{v}$	$\frac{u'v-uv'}{v^2}$	
x^α, $\alpha \in \mathbb{R}$	$\alpha x^{\alpha-1}$		$u^n, n \in \mathbb{Q}^*$	$nu'u^{n-1}$	$\int u'u^n = \frac{1}{n+1}u^{n+1}$
e^{rx} $r = \alpha + i\beta$	$r\,e^{rx}$	$\frac{1}{\alpha+i\beta}e^{rx}$	$u \circ v$	$v'.(u' \circ v)$	
e^u	$u'e^u$	$\int u'e^u = e^u$	$u^\alpha, \alpha \in \mathbb{R}^*$ $(= e^{\alpha \ln u})$	$\alpha.u'u^{\alpha-1}$	

$\ln\|u\|$	$\frac{u'}{u}$	$\int \ln(x+a) = (x+a)\ln x - x$	$\cos u$	$-u' \sin u$	$\int u'\cos u = \sin u$
$\tan u$	$u'(1+\tan^2 u)$	$\int \tan u = \ln\|\cos u\|$	$\sin u$	$u' \cos u$	$\int u'\sin u = -\cos u$

Analyse *: Calcul intégral*

Formules fondamentales	Si F est une primitive de f, alors $\int_a^b f(t)dt = F(b) - F(a)$ Si $g(x) = \int_a^x f(t)dt$ alors $g'(x) = f(x)$ et $f(x) - f(a) = \int_a^x f'(t)dt$
Formules de Chasles	$\int_a^c f(t)dt = \int_a^b f(t)dt + \int_b^c f(t)dt$, $\int_b^a f(t)dt = -\int_a^b f(t)dt$
Linéarité	$\int_a^b (\alpha f(t) + \beta g(t))dt = \alpha \int_a^b f(t)dt + \beta \int_a^b g(t)dt$
Positivité	Si $a \le b$ et $f \ge 0$, alors $\int_a^b f(t)dt \ge 0$
Intégration d'une inégalité	Si $a \le b$ et $f \le g$, alors $\int_a^b f(t)dt \le \int_a^b g(t)dt$ Si $a \le b$ et $m \le f \le M$, alors $m(b-a) \le \int_a^b f(t)dt \le M(b-a)$

Valeur moyenne de f sur $[a, b]$: $\frac{1}{b-a}\int_a^b f(t)dt$

Intégration par parties $\int_a^b uv'dt = [uv]_a^b - \int_a^b u'vdt$

Cet ouvrage a été achevé d'imprimer en avril 2011
sur les presses de Normandie Roto Impression s.a.s.
à Lonrai (Orne)
N° d'imprimeur : 111564
Dépôt légal : avril 2011

Imprimé en France